# LOS LÍMITES DE LA DEPRESIÓN ATÍPICA

## CLÍNICA, NEUROBIOLOGÍA Y TRATAMIENTO

Dr. Carlos Riaza Bermudo-Soriano

# LOS LÍMITES DE LA DEPRESIÓN ATÍPICA

## CLÍNICA, NEUROBIOLOGÍA Y TRATAMIENTO

Dr. Carlos Riaza Bermudo-Soriano

Médico especialista en Psquiatría.

Servicio de Psiquiatría del Hospital Universitario Ramón y Cajal, Madrid



ISBN: 978-84-617-4034-5

Depósito legal: M-30320-2016

Impreso en Madrid.

Octubre de 2017

Servicio de Psiquiatría. Hospital Ramón y Cajal

Carretera de Colmenar km 9,100

28034

Madrid (Spain)

Email: doctor.riaza@gmail.com

**Advertencia:**

La Medicina es un área en constante evolución. A medida que se avance en el conocimiento de la etiopatogenia, la fisiopatología y la terapéutica de las enfermedades mentales y del comportamiento, habrá que introducir modificaciones en los modelos que hoy por hoy se utilizan. Por ello, se recomienda al lector que analice en profundidad las dosis, vía de administración, duración y contraindicaciones recomendadas por los fabricantes sobre cada fármaco. El autor de este libro no asume responsabilidad alguna por los daños que pudieran producirse sobre personas o propiedades como consecuencia de la información contenida en esta obra.

A Xanita, Dora y Pichi

# Contenido

# Índice de ilustraciones

# Índice de Tablas

# Capítulo 1. Los límites de la depresión atípica

**Dr. Carlos Riaza Bermudo-Soriano.**

El interés de la Psiquiatría por la depresión atípica ha ido creciendo a lo largo de los últimos años. Hoy en día sabemos que la presencia de síntomas depresivos atípicos es muy frecuente en nuestro medio, como han señalado numerosas investigaciones epidemiológicas. Por ejemplo, los datos procedentes del estudio ECA (*Epidemiologic Catchment Area*), permitieron estimar una prevalencia depresión atípica a lo largo de la vida de 0,7% (Horwath *et al*, 1992). En Ontario (Canada) Levitan encontró una prevalencia de 1,4% entre adultos (Levitan *et al*, 1997). En el contexto de la práctica ambulatoria (Angst *et al*, 2002;Angst *et al*, 2007) la frecuencia de síntomas depresivos atípicos se situó en el 6,7%, la prevalencia de depresión mayor con características atípicas fue del 2,8%, y del 6,5% para depresión menor atípica. Otros estudios han encontrado que entre pacientes depresivos tratados en Atención Primaria, la prevalencia de depresión atípica oscila entre el 26,3% (Henkel *et al*, 2004) y el 38,1% (Benazzi, 1999). Todo ello subraya la importancia de la depresión atípica en términos epidemiológicos.

Las ideas y conceptos sobre la depresión atípica han sufrido significativos cambios a lo largo de las últimas décadas. Esta situación es reflejo de la propia historia de la Psiquiatría y de las mutaciones que esta disciplina ha ido sufriendo en lo que respecta a los modelos y paradigmas teóricos. Como en el caso de otros muchos trastornos mentales, y lejos de las disquisiciones teóricas, el problema de la depresión "atípica" sitúa al clínico en el contexto concreto de su práctica cotidiana. Lo confronta con la necesidad de llevar a cabo un diagnóstico y tratamiento adecuados para un nutrido grupo de pacientes que acuden cada día a los servicios de Salud Mental en busca de ayuda, y que refieren una gran variedad de síntomas: ansiedad, fobias, síntomas somatomorfos, disforia irritable, letargia, hipersomnia, insomnio de conciliación, labilidad afectiva, fatiga, aumento de apetito y ganancia ponderal, aumento de líbido, etc.

En no pocos casos, el psiquiatra se haya ante pacientes depresivos que muestran algunas peculiaridades en lo que respecta a sus estilos de personalidad que pueden condicionar en gran medida el proceso terapéutico y que también influyen considerablemente en la manera en que se gesta, expresa y evoluciona su sintomatología (Riaza Bermudo-Soriano, 2015).

Por otro lado, el concepto de depresión atípica ha ido viéndose modificado a lo largo de su historia. El constructor inicial partió de las primeras descripciones clínicas llevadas a cabo por West y Rally en 1959. A pesar del tiempo transcurrido desde entonces, sigue habiendo cierta falta de consenso acerca de la validez nosológica del constructo, los términos que deberían definirla (depresiones atípicas, depresiones con síntomas inversos, disforias histereoides). La American Psychiatric Association (APA) ha reconocido la relevancia de los síntomas atípicos. Así, el manual diagnóstico y estadístico de los trastornos mentales de la *American Psychiatric Association DSM-5* recoge la posibilidad de establecer especificadores de forma para los diversos trastornos del estado de ánimo (American Psychiatric Association, 2014). En particular, el nuevo sistema DSM-5 permite los siguientes especificadores para los trastornos depresivos: con ansiedad, con características mixtas, con características melancólicas, con características atípicas, con características psicóticas: congruentes y no congruentes con el estado de ánimo, con patrón estacional, con catatonía, y con inicio en el periparto. En el caso del especificador con "características atípicas", el DSM-5 establece que se puede aplicar cuando las siguientes características predominan durante la mayoría de los días del episodio de depresión mayor actual o más reciente o trastorno distímico:

A. Reactividad del estado de ánimo (mejoría del estado de ánimo en respuesta a sucesos positivos potenciales o reales)
B. Dos o más de las características siguientes:

   1) Notable aumento de peso o de apetito
   2) Hipersomnia
   3) Parálisis plúmbea (en brazos y piernas)
   4) Patrón prolongado de sensibilidad al rechazo interpersonal que ocasione deterioro social y laboral importante (que, según esta clasificación, no debe quedar limitado a los episodios de alteración del estado de ánimo).

C. Cuando no se cumplan los criterios establecidos para los especificadores "con características melancólicas" o "con catatonía" en el mismo episodio.

El establecimiento del especificador "con síntomas atípicos" por parte del DSM-5 viene a reconocer la evidencia científica aportada por numerosos estudios biológicos realizados en el campo de la genética (Stewart *et al*, 1993;Kendler *et al*, 1996;Angst, J., Gamma, A., Benazzi, F., Ajdacic, V., and Rossler, W., 2007;Angst *et al*, 2006;Angst *et al*, 2002), la neuroimagen, la neurofisiología (Quitkin *et al*, 1985;Bruder *et al*, 2002;Bruder *et al*, 1991;Bruder *et al*, 1989;Asnis *et al*, 1995;McGinn *et al*, 1996), y de la alteración de los mecanismos inmunológicos relacionados con inflamación en pacientes con trastornos del estado del ánimo.

Bibliografía


1. **Horwath, E., Johnson, J., Weissman, M. M., *et al* (1992)** The validity of major depression with atypical features based on a community study. J.Affect.Disord., **26**, 117-125.

2. **Levitan, R. D., Lesage, A., Parikh, S. V., *et al* (1997)** Reversed neurovegetative symptoms of depression: a community study of Ontario. Am.J.Psychiatry, **154**, 934-940.

3. **Angst, J., Gamma, A., Sellaro, R., *et al* (2002)** Toward validation of atypical depression in the community: results of the Zurich cohort study. J.Affect.Disord., **72**, 125-138.

4. **Angst, J., Gamma, A., Benazzi, F., *et al* (2007)** Melancholia and atypical depression in the Zurich study: epidemiology, clinical characteristics, course, comorbidity and personality. Acta Psychiatr.Scand.Suppl, 72-84.

5. **Henkel, V., Mergl, R., Coyne, J. C., *et al* (2004)** Depression with atypical features in a sample of primary care outpatients: prevalence, specific characteristics and consequences. J.Affect.Disord., **83**, 237-242.

6. **Benazzi, F. (1999)** Prevalence and clinical features of atypical depression in depressed outpatients: a 467-case study. Psychiatry Res., **86**, 259-265.

7. **Riaza Bermudo-Soriano, C. (2015)** *La Depresión Atípica*. (1 edn) Madrid.

8. **American Psychiatric Association (2014)** *Manual diagnóstico y estadístico de los trastornos mentales*. (5ª edn) Editorial Panamericana.

9. **Stewart, J. W., McGrath, P. J., Rabkin, J. G., *et al* (1993)** Atypical depression. A valid clinical entity? Psychiatr.Clin.North Am., **16**, 479-495.

10. **Kendler, K. S., Eaves, L. J., Walters, E. E., *et al* (1996)** The identification and validation of distinct depressive syndromes in a population-based sample of female twins. Arch.Gen.Psychiatry, **53**, 391-399.

11. **Angst, J., Gamma, A., Benazzi, F., *et al* (2006)** Atypical depressive syndromes in varying definitions. Eur.Arch.Psychiatry Clin.Neurosci., **256**, 44-54.

12. **Angst, J., Gamma, A., Sellaro, R., *et al* (2002)** Toward validation of atypical depression in the community: results of the Zurich cohort study. J.Affect.Disord., **72**, 125-138.

13. **Quitkin, F. M., Rabkin, J. G., Stewart, J. W., *et al* (1985)** Sleep of atypical depressives. J.Affect.Disord., **8**, 61-67.

14. **Bruder, G. E., Stewart, J. W., McGrath, P. J., *et al* (2002)** Atypical depression: enhanced right hemispheric dominance for perceiving emotional chimeric faces. J.Abnorm.Psychol., **111**, 446-454.

15. **Bruder, G. E., Towey, J. P., Stewart, J. W., *et al* (1991)** Event-

related potentials in depression: influence of task, stimulus hemifield and clinical features on P3 latency. Biol.Psychiatry, **30**, 233-246.

16. **Bruder, G. E., Quitkin, F. M., Stewart, J. W., *et al* (1989)** Cerebral laterality and depression: differences in perceptual asymmetry among diagnostic subtypes. J.Abnorm.Psychol., **98**, 177-186.

17. **Asnis, G. M., McGinn, L. K., and Sanderson, W. C. (1995)** Atypical depression: clinical aspects and noradrenergic function. Am.J.Psychiatry, **152**, 31-36.

18. **McGinn, L. K., Asnis, G. M., and Rubinson, E. (1996)** Biological and clinical validation of atypical depression. Psychiatry Res., **60**, 191-198.

# Capítulo 2. El concepto de depresión atípica a lo largo de la historia

Dr. Carlos Riaza Bermudo-Soriano.

La imagen que hoy en día tenemos de la depresión atípica es el resultado de la sucesión incesante de hallazgos aparecidos a lo largo de los últimos 70 años en el campo del estudio de los trastornos del estado de ánimo. El concepto de depresión atípica nace en la primera mitad del siglo XX. Autores como Locker (1948), Huston (1948) y Jarvie (1950) hicieron uso del término "atípico" para referirse a ciertos pacientes depresivos que mostraban de manera concomitante síntomas de naturaleza psicótica (alucinaciones, ideas delirantes de tinte paranoide, y agitación). Dicho grupo de experimentaba una respuesta favorable al tratamiento con TEC (Terapia Electro-Convulsiva). Pero esta primera definición nada tiene que ver con las acepciones que ha adquirido el término "atípico" en años posteriores.

Pero sin duda el factor que mayor impacto ha tenido sobre el estudio de la depresión atípica fue el descubrimiento del efecto antidepresivo de las moléculas conocidas como Inhibidores de Monoamino Oxidasa (IMAO). En 1959, West y Rally (*St. Thomas Hospital de Londres*) describieron un grupo de pacientes con síntomas depresivos no melancólicos, ansiedad, irritabilidad, hiperactividad, hiperreactividad afectiva, astenia, temblor, empeoramiento vespertino, y pobre respuesta a TEC. Se hizo especial énfasis en la ansiedad y en los síntomas de naturaleza vegetativa como ejes centrales del trastorno.

El equipo del *St. Thomas* (Sargant, 1961) estableció 3 grupos de pacientes depresivos, en función de su respuesta a tratamientos con IMAO (iproniacida):

1) Un primer grupo integrado por pacientes con síntomas depresivos aparecidos tras la exposición a situaciones de estrés intenso. Tales pacientes mostraron respuestas favorables a IMAO en monoterapia.
2) Un segundo grupo sindrómico presentaba ansiedad (pánico y agorafobia) como síntoma fundamental, y ocasionalmente manifestaciones de carácter obsesivo, fóbico o histeromorfo. En este caso, la combinación de IMAO y clordiazepóxido resultaba bastante beneficiosa.
3) El tercer grupo presentaba una alta prevalencia de trastornos de la personalidad, tensión sostenida y ansiedad. En este último caso, se

constató una respuesta favorable a barbitúricos, pero gran resistencia a IMAO y clordiazepóxido (Vallejo and Urretavizcaya, 2000).

Sobre los años 70 del siglo XX, Robinson y Ravaris publicaron un trabajo en el que se comparaba la eficacia del tratamiento con amitriptilina, fenelcina y placebo. Dicho estudio permitió caracterizar algunos factores clínicos que predecían mejor respuesta al tratamiento con IMAO respecto a las otras líneas de tratamiento: la presencia de ansiedad, la reactividad del humor, y la ausencia de despertares precoces.

Robinson y Ravaris generaron un índice (*Índex Diagnóstico*) con la finalidad de ubicar a cada paciente a lo largo del contínuo endógeno/no-endógeno y facilitar la predicción de respuesta terapéutica. El índice estaba constituido por la suma algebraica de las puntuaciones de los distintos ítems:

A. síntomas de naturaleza endógena (humor depresivo, agitación/inhibición, reducción ponderal, ideación suicida, ideas delirantes nihilistas o de culpa, despersonalización, y ausencia de conciencia de enfermedad) proporcionaban puntuaciones positivas
B. síntomas no-endógenos (ansiedad, somatizaciones, semiología fóbica, insomnio inicial, aumento de peso, amenazas autolesivas, y rasgos de personalidad histéricos) lo hacían en sentido contrario.

Así, las puntuaciones bajas en el *Índex diagnóstico* parecían correlacionarse con respuestas favorables al tratamiento con IMAO (Riaza Bermudo-Soriano, 2015).

Partiendo de los datos proporcionados por las investigaciones de Pitt (1968) y atendiendo a la sintomatología predominante, el grupo de trabajo de Davidson (1982) dividió las depresiones atípicas en 2 grandes grupos:

1) *tipo A* (con predominio de síntomas de ansiedad) y
2) *tipo V* (con predominio de síntomas depresivos, hipersomnia, somatizaciones e inhibición). Este último quedó dividido a su vez en 2 categorías: *V unipolar y V bipolar*.

El grupo A estaba constituido principalmente por pacientes de sexo femenino atendidas en el contexto ambulatorio por síntomas de intensidad moderada y comienzo precoz, por la ausencia de signos de endogenicidad, alteraciones de la psicomotricidad, signos de bipolaridad, o intentos autolíticos. El tratamiento con IMAO (isocarboxacida) resultaría beneficioso sólo en el grupo V.

En 1983 Paykel definió 3 agrupaciones sintomáticas propias de las depresiones atípicas:

(1) rasgos no endógenos,

(2) cambios funcionales invertidos,

(3) ansiedad, agorafobia y otros síntomas fóbicos.

Paykel encontró que en los pacientes afectados por depresión atípica se presentaban cambios funcionales orientados en signo contrario a lo propiamente endógeno/melancólico, como por ejemplo, presencia de aumento de apetito, peso, y libido, y un predominio vespertino de la sintomatología.

Las investigaciones llevadas a cabo por Kelly en la década de 1970 permitieron constatar la eficacia del tratamiento con IMAO en aquellos cuadros con importantes síntomas ansioso-fóbicos, independientemente de la intensidad de la semiología depresiva o de los rasgos de personalidad del paciente. La presencia de tensión, irritabilidad, ansiedad somática, agorafobia, fobia social, anergia, síntomas de despersonalización o de hipocondría predijeron un buen rendimiento de la terapéutica con IMAO.

Una de las mayores aportaciones al estudio de la depresión atípica procede del establecimiento de definiciones operativas para este diagnóstico llevadas a cabo grupo de trabajo de la *Universidad de Columbia* (Nueva York), las cuales han resultado fundamentales para la configuración actual del concepto de depresión atípica. Sus ideas esenciales se organizan alrededor de la inversión en los cambios funcionales y del concepto de *disforia histeroide* producido por Klein (1969), quien la consideraba como una forma de depresión atípica.

Los criterios diagnósticos para depresión atípica de la Universidad de Columbia han logrado un alto grado de validez y operatividad, influyendo decisivamente en el concepto imperante en la actualidad acerca de la semiología de estos cuadros. En la *Tabla 1* se recogen los criterios diagnósticos utilizados por este equipo.

- Cumplir previamente criterios para el diagnóstico de un episodio depresivo según RDC ó DSM-IV.
- Reactividad del humor (o no autonomía),
- Un mínimo de 2 de los siguientes:
    - hipersomnia,
    - hiperfagia,
    - sentimientos de intensa letargia y patológica,
    - sensibilidad al rechazo interpersonal.

La probabilidad de depresión atípica depende del número de ítems cumplidos:

- 1: caso probable.
- ≥ 2: gran probabilidad.

**Tabla 1. Criterios de depresión atípica según el grupo de trabajo de la Universidad de Columbia.**

Para el grupo de trabajo de la Universidad de Columbia, el *humor reactivo* viene definido por periodos, que pueden durar tan sólo 2 ó 3 horas, en los que el paciente experimenta mejoría significativa del humor logrando incluso alcanzar la eutimia. Los pacientes con humor reactivo pueden recuperar su capacidad hedónica, experimentando cambios favorables en el contenido de sus ideas y en el interés por el entorno, como respuesta a situaciones ambientales positivas.

La *hipersomnia* se considera un aumento respecto a las conductas previas de la cantidad total del sueño nocturno (cerca de 2 horas) o del tiempo pasado en la cama durante el día (unas 3 horas).

La *hiperfagia* (con o sin picoteos o verdaderos episodios de atracón) implica un incremento de la sensación subjetiva de apetito.

Respecto a la *fatigabilidad y letargia*, son descritos como una sensación de extrema pesadez, de dificultad de movimientos e incluso parálisis (durante un mínimo de 1 hora al día, 3 días a la semana). Este último síntoma nada tiene que ver con la falta de interés o de motivación que frecuentemente acompaña al paciente depresivo.

El concepto de **disforia histeroide** de Klein hizo especial énfasis en la "*sensibilidad al rechazo*". Para el grupo de Columbia, dicho patrón de comportamiento vendría caracterizado por:

(1) al menos 4 episodios de carácter depresivo, sucedidos a lo largo de 2 años, precipitados por situaciones de rechazo, de suficiente entidad como para producir interferencia en el funcionamiento laboral ó sociofamiliar;

(2) sensación subjetiva de rechazo interpersonal y predisposición a los celos, que facilitan la aparición de conflictos en el área familiar, laboral, ó a la aparición de frecuentes relaciones personales tormentosas;

(3) tendencia a la evitación de la intimidad en las relaciones interpersonales y del contacto social, como resultado de una gran sensibilidad a ser rechazado, que habrá de estar presente durante un mínimo de 2 años.

Los sistemas de clasificación de los trastornos y enfermedades mentales (en particular el DSM) han reflejado la existencia del subtipo depresivo atípico. En la *Tabla 2* se recogen los criterios para depresión atípica según el DSM-IV-TR (American Psychiatric Association, 2000). Este sistema de diagnóstico permite especificar la presencia de síntomas atípicos. Para ello es indispensable la presencia de síntomas suficientes para satisfacer el diagnóstico de episodio depresivo mayor, trastorno distímico y trastorno bipolar (episodio actual depresivo).

**Con características atípicas** ( se puede aplicar cuando estas características predominan durante las 2 semanas más recientes de un episodio depresivo mayor actual del trastorno depresivo mayor o del trastorno bipolar I o trastorno bipolar II, cuando un episodio depresivo mayor es el tipo más reciente de episodio del estado de ánimo, o cuando estas características predominan durante los 2 años más recientes del trastorno distímico; si el episodio depresivo mayor no es actual, se lo aplica si la característica predomina durante cualquier periodo de 2 semanas).

A. Reactividad anímica (es decir, el estado de ánimo mejora en respuesta a hechos positivos reales o posibles)

B. Dos (o más) de las siguientes características:

1. Aumento de peso o de apetito significativo
2. Hipersomnia
3. Parálisis plúmbea (es decir, sensación de pesadez plúmbea en brazos y piernas)
4. Patrón de larga data de sensibilidad al rechazo interpersonal (no limitado a episodios de alteración del estado de ánimo) que causa deterioro social o laboral significativo.

**Tabla 2. Criterios DSM-IV-TR para el especificador de características atípicas (American Psychiatric Association, 2000).**

En la actualidad la 5ª edición del manual diagnóstico y estadístico de los trastornos mentales de la Ameriocan Psychiatric Association (DSM-5) (American Psychiatric Association, 2014) en su capítulo sobre los trastornos depresivos define los criterios diagnósticos para diversas categorías correspondientes a trastornos depresivos. En particular, se establecen los criterios para trastorno de depresión mayor. Los síntomas de los criterios diagnósticos del trastorno depresivo mayor deberían aparecer casi cada día para poder considerar el diagnóstico, con la excepción del cambio de peso y la ideación suicida. Se considera que el paciente deberá mostrar ánimo depresivo, la mayor parte del día, casi a diario (según se desprende de la información subjetiva o de la observación por parte de otras personas, aunque en el caso de los niños se acepta que el humor puede ser irritable). Asimismo, los pacientes con trastorno depresivo mayor deberán mostrar disminución importante del interés o placer por todas o casi todas las actividades la mayor parte del día, casi todos los días; pérdida importante del peso sin hacer dieta o aumento del peso (modificación de más de un 5% del peso corporal en un mes)n o disminución o aumento del apetito casi todos los días (en niños se considera el fracaso para el aumento del peso según lo esperado); insomnio o hipersomnia casi a diario; agitación o retraso psicomotor a diario (observable por parte de otras personas y no simplemente la sensación subjetiva de inquietud o enlentecimiento); fatigabilidad o pérdida de energía casi a diario; sentimientos de futilidad o culpabilidad excesivas o inapropiadas (que pueden alcanzar el grado delirante) casi a diario (y no exclusivamente autorreproches o culpa por el hecho de estar enfermos); disminuación de la capacidad para pensar o concentrare, o para tomar decisiones, casi a diario (a partir de la información subjetiva o de la observación por parte de otras personas); pensamientos recurrentes de muerte (no exclusivamente temor a morir), ideas suicidas de carácter recurrente sin un plan determinado, intento de suicidio o un plan específico establecido con la finalidad de llevarlo a cabo. Se considera necesario que estos síntomas depresivos ocasionen malestar clínicamente significativo o se acompañen de deterioro sociolaboral o en otras áreas de funcionamiento del indivíduo. Los síntomas no serán atribuibles al efecto fisiológico de una sustancia o cualquier afección médica, y no podrán explicarse mejor por otros trastornos mentales como un trastorno esquizoacectivo, una esquizofrenia, un trastorno esquizofreniforme, un trastorno delirante u otro trastorno especificado o no especificado del espectro de la esquizofrenia u otros trastornos psicóticos. Para terminar, el DSM-5 establece que el diagnóstico de trastorno depresivo mayor implica que el paciente no haya cumplido criterios para un episodio hipomaniaco o maniaco.

Por tanto, el DSM-5 permite el diagnóstico de trastorno depresivo mayor si se cumplen un total de 5 de los 9 criterios diagnósticos establecidos, durante un periodo de 2 semanas (deberán incluir estado de ánimo depresivo e hipohedonia). El diagnóstico de depresión atípica nuevamente se establece como especificador del episodio. El DSM-5 permite etiquetar los trastornos depresivos según una serie de especificadores clínicos:

- con ansiedad
- con características mixtas
- con características melancólicas
- con características atípicas
- con características psicóticas congruentes con el estado de ánimo
- con características psicóticas no congruentes con el estado de ánimio
- con catatonía
- con inicio periparto
- con patrón estacional

Algo similar ocurre con el diagnóstico de trastorno distímico (distimia) según la clasificación de la American Psychiatric Association. El DSM-5 estable que el diagnóstico de distimia se realicen el momento que queden satisfechos los siguientes criterios: estado de ánimo depresivo durante la mayor parte del día, presente más días que los que está ausente (según se desprenda de la información proporcionada por el propio paciente o por la observación de otras personas) durante un mínimo de 2 años (nuevamente en el caso de niños el estado de ánimo puede ser irritable y mantenerse tan sólo 1 año). Presencia de

2 o más de los siguientes síntomas durante el periodo de síntomas depresivos: poco apetito o sobrealimentación, insomnio o hipersomnia, poca energía o fatiga, baja autoestima, falta de concentración o dificultad para tomar decisiones, sentimientos de desesperanza.

Durante el periodo de 2 años necesario para establecer el diagnóstico de distimia, el paciente (1 año para niños y adolescentes) nunca ha estado libre de los síntomas descritos con anterioridad (criterios A y B) duratnte más de 2 meses seguidos. Se admite que los criterios de depresión mayor podrán estar peresentes de modo continuado, pero que nunca se han cumplido criterios de hipomanía o manía, que los síntomas del paciente no se explican mejor por un trastorno psicótico o del espectro, y que no son debidos al efecto fisiológico de sustancias o de enfermedad médica. La clínica propia del cuadro deberá ocasionar un malestar significativo en las esferas social, laboral u ocupacional de quien lo sufre. De nuevo, el DSM-5 permite establecer especificadores para el trastorno distímico, entre los que se incluyen:

- con ansiedad
- con características mixtas
- con características melancólicas
- con características atípicas
- con características psicóticas congruentes con el estado de ánimo
- con características psicóticas no congruentes con el estado de ánimio
- con catatonía
- con inicio periparto

También:

- en remisión parcial
- en remisión total

Criterios de tipo diacrónico:

- con síndrome distímico puro
- con episodio de depresión mayor persistente
- con episodios intermitentes de depresión mayor, con episodio actual
- con episodios intermitentes de depresión mayor, sin episodio actual

Y finalmente especificadores de gravedad: leve, moderado y grave.

Algo similar a lo descrito con anterioridad se establece para los episodios depresivos durante el curso de un trastorno bipolar según DSM-5.

*Bibliografía*

1. *Vallejo, J., Urretavizcaya, M. (2000) Depresión Atípica. In Trastornos afectivos: ansiedad y depresión (eds J. Vallejo Ruiloba & C. Gastó Ferrer), pp. 308-327. Barcelona (España): Masson, S.A.*

2. *Riaza Bermudo-Soriano, C. (2015) La Depresión Atípica. (1 edn) Madrid.*

3. *American Psychiatric Association (2000) Diagnostic and Statistical Manual of Mental Disorders. (4ª edn).*

4. *----- (2014) Manual diagnóstico y estadístico de los trastornos mentales. (5ª edn) Editorial Panamericana.*

# Capítulo 3. Epidemiología

Dr. Carlos Riaza Bermudo-Soriano.

La depresión atípica es un fenotipo clínico que se presenta con frecuencia en la práctica habitual. La presencia de síntomas atípicos es frecuente en nuestro medio y así lo atestiguan los datos procedentes de multitud de estudios epidemiológicos publicados hasta la fecha. En el estudio ECA (*Epidemiologic Catchment Area*), la **prevalencia** estimada para depresión atípica a lo largo de la vida fue del 0,7% (Horwath *et al*, 1992). En Ontario (Canada) Levitan encontró una prevalencia de 1,4% entre adultos (Levitan *et al*, 1997). En una muestra de pacientes comunitarios (Angst *et al*, 2002;Angst *et al*, 2007) la frecuencia de síntomas depresivos atípicos se situó en el 6,7%, la prevalencia de depresión mayor con características atípicas fue del 2,8%, y del 6,5% para depresión menor atípica. Entre pacientes depresivos tratados en Atención Primaria, la prevalencia de depresión atípica oscila entre el 26,3% (Henkel *et al*, 2004) y el 38,1% (Benazzi, 1999).

Varios estudios han encontrado que la depresión atípica se asocia con mayor frecuencia al **sexo** femenino. Mientras no parece existir una diferencia de sexos para los depresivos no-atípicos en sus diferentes variedades, la frecuencia de mujeres en el grupo de depresiones mayores con características atípicas es 4 veces superior a la del grupo de depresiones mayores no-atípicas. Además, las mujeres refieren un mayor número de síntomas atípicos que los varones (Angst *et al*, 2002). No obstante, el estudio ECA reveló que no existen diferencias atribuibles al sexo en la frecuencia de síntomas neurovegetativos inversos (Horwath *et al*, 1992;Levitan *et al*, 1997).

Existen diferencias de género en lo que respecta a la sintomatología de la depresión mayor. El grupo de investigación de Kim (Kim *et al*, 2015) investigó las diferencias de los perfiles de síntomas de los pacientes con trastorno depresivo mayor en una muestra de población general de Korea. Los datos utilizados para llevar a cabo el análisis fueron extraídos de una serie de encuestas de un estudio de campo desarrollado a nivel nacional (*Korean Epidemiologic Catchment Area*) las encuestas fueron realizadas en los años 2001, 2006 and 2011, respectivamente. De los 18807 participantes, 507 (397 mujeres y 110 varones) fueron diagnosticados de trastorno depresivo mayor en los 12 meses previos. De modo similar a lo observado en estudios previos, las mujeres parecieron más vulnerables a experimentar episodios depresivos atípicos (definidos como depresión con 2 o más síntomas de fatiga, hiperfagia e hipersomnia) (P < 0.001). En términos de síntomas individuales, el sexo femenino se asoció significativamente con mayor prevalencia de fatiga (P = 0.008), hipersomnia (P = 0.001), retardo psicomotor marcado (P = 0.029) e intentos de suicidio (P = 0.016), con ajuste para efecto de nacimiento, estado de pareja, empleo. En el mismo estudio se constató que los hombres con trastorno depresivo mayor presentaban con mayor frecuencia descenso de la líbido que las mujeres (P = 0.009). Parece que estos resultados son similares a lo observado en estudios previos en sociedades occidentales, lo que sugiere que tal vez el fenotipo de depresión atípica vinculado al sexo femenino tenga un intenso componente biológico y no se deba de modo tan intenso al efecto de factores transculturales (Kim, J. H., Cho, M. J., Hong, J. P., Bae, J. N., Cho, S. J., Hahm, B. J., Lee, D. W., Park, J. I., Lee, J. Y., Jeon, H. J., and Chang, S. M., 2015).

Respecto a la **edad de comienzo** de la depresión con síntomas atípicos se han planteado algunas discordancias en la literatura disponible. Mientras varios trabajos han señalado un comienzo más precoz para el grupo de depresiones atípicas que para el de no-atípicas, esta asociación parece desaparecer cuando se controlan los datos por sexo y gravedad de los síntomas depresivos. Esto sugiere que ambos factores podrían estar actuando como factores de confusión. Se ha sugerido que la precocidad de comienzo sea reflejo de una mayor severidad clínica y que las mujeres debuten con anterioridad en caso de presentar sintomatología atípica (Angst *et al*, 2002).

Hay discordancias respecto a la gravedad de los pacientes con depresión atípica. Cuando se comparan con otros subtipos de depresión los pacientes depresivos con síntomas atípicos presentan una menor **severidad** en su sintomatología (p≤0,001) (Henkel, V., Mergl, R., Coyne, J. C., Kohnen, R., Allgaier, A. K., Ruhl, E., Moller, H. J., and Hegerl, U., 2004;Akiskal and Weise, 1992). Sin embargo, este hallazgo no ha sido replicado por todos los autores (Matza *et al*, 2003;Benazzi, 1999). Posiblemente, estas diferencias en cuanto a la gravedad de los cuadros depresivos atípicos sean debidas a la disparidad de criterios diagnósticos utilizados en los diferentes estudios.

Bibliografía


1. **Horwath, E., Johnson, J., Weissman, M. M., *et al* (1992)** The validity of major depression with atypical features based on a community study. J.Affect.Disord., **26**, 117-125.
2. **Levitan, R. D., Lesage, A., Parikh, S. V., *et al* (1997)** Reversed neurovegetative symptoms of depression: a community study of Ontario. Am.J.Psychiatry, **154**, 934-940.
3. **Angst, J., Gamma, A., Sellaro, R., *et al* (2002)** Toward validation of

atypical depression in the community: results of the Zurich cohort study. J.Affect.Disord., **72**, 125-138.

4. **Angst, J., Gamma, A., Benazzi, F., *et al* (2007)** Melancholia and atypical depression in the Zurich study: epidemiology, clinical characteristics, course, comorbidity and personality. Acta Psychiatr.Scand.Suppl, 72-84.

5. **Henkel, V., Mergl, R., Coyne, J. C., *et al* (2004)** Depression with atypical features in a sample of primary care outpatients: prevalence, specific characteristics and consequences. J.Affect.Disord., **83**, 237-242.

6. **Benazzi, F. (1999)** Prevalence and clinical features of atypical depression in depressed outpatients: a 467-case study. Psychiatry Res., **86**, 259-265.

7. **Angst, J., Gamma, A., Sellaro, R., *et al* (2002)** Toward validation of atypical depression in the community: results of the Zurich cohort study. J.Affect.Disord., **72**, 125-138.

8. **Horwath, E., Johnson, J., Weissman, M. M., *et al* (1992)** The validity of major depression with atypical features based on a community study. J.Affect.Disord., **26**, 117-125.

9. **Levitan, R. D., Lesage, A., Parikh, S. V., *et al* (1997)** Reversed neurovegetative symptoms of depression: a community study of Ontario. Am.J.Psychiatry, **154**, 934-940.

10. **Kim, J. H., Cho, M. J., Hong, J. P., *et al* (2015)** Gender Differences in Depressive Symptom Profile: Results from Nationwide General Population Surveys in Korea. J.Korean Med.Sci., **30**, 1659-1666.

11. **Angst, J., Gamma, A., Sellaro, R., *et al* (2002)** Toward validation of atypical depression in the community: results of the Zurich cohort study. J.Affect.Disord., **72**, 125-138.

12. **Akiskal, H. S. and Weise, R. E. (1992)** The clinical spectrum of so-called "minor" depressions. Am.J.Psychother., **46**, 9-22.

13. **Matza, L. S., Revicki, D. A., Davidson, J. R., *et al* (2003)** Depression with atypical features in the National Comorbidity Survey: classification, description, and consequences. Arch.Gen.Psychiatry, **60**, 817-826.

14. **Benazzi, F. (1999)** Is atypical depression a moderate severity depression? A 536-case study. J.Psychiatry Neurosci., **24**, 244-247.

# Capítulo 4. Bases biológicas de la depresión atípica

Dr. Carlos Riaza Bermudo-Soriano.

A lo largo de las últimas décadas se han llevado a cabo numerosos trabajos de investigación orientados a esclarecer las peculiaridades biológicas de la depresión atípica frente a otras formas de depresión como la melancolía. A lo largo de este capítulo se revisarán los aspectos esenciales de la biología de esta forma de trastorno afectivo.

## 4.1. Genética de la depresión atípica

La heterogeneidad de los trastornos del ánimo supone un reto para la comprensión, estudio e investigación de los mecanismos biológicos y genéticos implicados. Algunos estudios han revelado que existe una especificidad en lo que respecta a la agregación familiar de los subtipos melancólico y atípico de la depresión.

Los estudios heredo-familiares han encontrado un aumento significativo de la frecuencia de personas con depresión atípica (no así de melancolía) y con depresión crónica entre los familiares de pacientes afectos por depresión atípica. Por el contrario, los pacientes con melancolías u otras formas de depresión no-atípica muestran más antecedentes familiares de depresión melancólica que de depresión atípica (Stewart *et al*, 1989). En esa misma línea, las tasas de depresión atípica, distimia y alcoholismo son más altas entre los familiares de pacientes diagnosticados de depresión atípica que entre los familiares de melancólicos (Vallejo and Urretavizcaya, 2000).

Así, una investigación llevada a cabo por el equipo de Lamers (Lamers *et al*, 2016) examinó los patrones de agregación familiar para ambos tipos de depresión en un gran estudio familiar basado en la comunidad. Se reclutó una muestra integrada por 457 probandos y sus familiares de primer grado interrogados directamente, como parte del *National Institute of Mental Health (NIMH) Family Study of Affective Spectrum Disorder*. Los subtipos de depresión se basaron en el mejor diagnóstico disponible a partir de la información lograda utilizando una entrevista semiestructurada llevada a cabo por profesionales experimentados y de los reportes de historia familiar. La presencia de depresión atípica en los probandos se asoció significativamente con el subtipo atípico de depresión entre los familiares (OR 1.75 [95%CI 1.02-3.02], p=0.04), independientemente de los trastornos comórbidos en probandos y familiares. La presencia de depresión melancólica en los probandos no se asoció con el diagnóstico de depresión melancólica entre los familiares (OR 1.25 [95%CI 0.62-2.55], p=.53). La heredabilidad para el subtipo atípico de depresión se situó en 0.46 (95%CI 0.21-0.71), mientras que la del subtipo melancólico fue 0.33 (95%CI 0.21-0.45). La depresión melancólica se asoció a mayor severidad en términos de tratamiento, funcionamiento global, intentos de suicidio, trastornos comórbidos, y un comienzo más temprano de la depresión. En resumen, estos resultados parecen indicar que el subtipo atípico de la depresión debería ser considerado a la hora de diseñar futuros estudios sobre tratamiento, factores etiiológicos y genéticos en depresión mayor (Lamers, F., Cui, L., Hickie, I. B., Roca, C., hado-Vieira, R., Zarate, C. A., Jr., and Merikangas, K. R., 2016).

Algunos estudios llevados a cabo sobre **gemelos** han permitido constatar que la **genética** contribuye al origen y expresión patoplástica de distintos grupos de depresión. Por ejemplo, en un estudio que tomó 1029 parejas de gemelos de sexo femenino se practicó un análisis factorial de los distintos síntomas depresivos (mediante criterios diagnósticos DSM-III-R). Los autores del estudio concluyeron que la semiología depresiva se agrupaba conforme a 3 grupos sindrómicos definidos: (a) episodios depresivos típicos severos, (b) episodios típicos leves, y (c) episodios atípicos. En dicho estudio el grupo de pacientes con síntomas atípicos mostró una alta concordancia entre gemelos, y se asoció con una mayor duración de los episodios depresivos, mayor frecuencia de obesidad y reaparición de síntomas atípicos en episodios depresivos posteriores (Kendler *et al*, 1996).

## 4.2. Aspectos endocrinológicos asociados a la depresión atípica

### 4.2.1. Sistema de respuesta al estrés: aspectos generales

El **sistema de respuesta al estrés** se encuentra constituido por las células hipotalámicas productoras de CRH (hormona liberadora de corticotrofina), estructuras límibicas como la amígdala, neuronas noradrenérgicas que conforman el *locus coeruleus* (LC), y el cortisol y la noradrenalina circulantes en la periferia (Riaza Bermudo-Soriano, 2008).

Del correcto funcionamiento del sistema de respuesta a estrés depende que se pueda producir un aumento del estado de activación (arousal) del córtex prefrontal y del sistema límbico, que permita identificar situaciones de riesgo y generar respuestas fisiológicas adaptadas ante situaciones estresantes. El sistema fundamental de repuesta a estrés actúa de manera homeostática y utiliza la información procedente de numerosas áreas cerebrales y periféricas con la finalidad de responder a las demandas constantes de un entorno cambiante. En la *Ilustración 1* se representa de modo esquemático la interacción entre los distintos componentes que configuran el sistema fundamental de respuesta al estrés (Gold and Chrousos, 2002;Riaza Bermudo-Soriano, C, 2008).

Varios modelos experimentales han permitido investigar cómo participa cada una de las regiones del sistema de respuesta al estrés. Así, la lesión específica del córtex infralímbico conduce a una supresión patológica del sistema fundamental de respuesta al estrés. En condiciones normales, el córtex prefrontal ventral y subgenual ejerce una inhibición sobre el eje HHA y sobre el sistema nervioso simpático. En humanos, la lesión accidental del cíngulo anterior ó del córtex prefrontal subgenual genera un aumento significativo de las respuestas endocrinas y autonómicas propias de la ansiedad, incluso en ausencia de factores estresantes (Smith and Jonides, 1999). En la rata, la lesión bilateral de regiones infralímbicas también levanta el bloqueo sobre la actividad del eje HHA (Sullivan and Gratton, 1999).

La evidencia científica apunta a que los sistemas que regulan las funciones neuroendocrinas relacionadas con la respuesta al estrés se encuentran lateralizados. Mientras la lesión del córtex infralímbico izquierdo suprime al sistema de respuesta al estrés, la lesión homóloga derecha se asocia con una actividad insuficiente de las neuronas noradrenérgicas del *locus coeruleus* y del eje HHA. Este dato resulta de gran interés teniendo en cuenta que se han descrito anomalías en amígdala izquierda y córtex prefrontal subgenual izquierdo de pacientes con depresión (Kalogeras *et al*, 1996;Gold, P. W. and Chrousos, G. P., 2002).

Uno de los elementos sobre los que se organiza la respuesta al estrés es la hormona liberadora de corticotrofina (**CRH)**. Esta hormona ejerce sus acciones a través de dos tipos de receptores ampliamente distribuidos por el SNC y la periferia: el CRHR-1 y el CRHR-2. El CRH posee multitud de dianas y participa en la regulación de varios componentes del sistema de respuesta al estrés (conductuales, neuroendocrinas, neurovegetativas). Además de la ruta que discurre desde las células productoras de CRH del núcleo paraventricular (PVN) hacia la eminencia media (y que regula la producción de ACTH por la adenohipófisis), existe una población distinta de neuronas CRH+ que modula la actividad de neuronas noradrenérgicas situadas en el tronco del encéfalo. Un circuito intrahipotalámico CRH+ posee capacidad para inhibir la al eje reproductivo y frenar la producción de hormona de crecimiento (GH). Las proyecciones CRH+ extrahipotalámicas que alcanzan la amígdala tienen un papel central en la organización límbica de las respuestas de condicionamiento clásico al estrés (Gold, P. W. and Chrousos, G. P., 2002).

Parece que tanto CRHR-1 como CRHR-2 tienen un papel esencial en la activación del eje HHA y del sistema límbico en respuesta a estrés. La modificación experimental de los **receptores de CRH** se acompaña de anomalías en los patrones de respuesta a estrés. En particular, la modificación experimental de los mecanismos relacionados con el CRH ha permitido investigar el papel diferencial de cada uno de sus receptores en la organización de los fenómenos relacionados con estrés y depresión. Así, los ratones deficientes en el gen CRH-1 (CRHR-1 *Knock-out*) presentan una reducción significativa de la ansiedad, mientras que la delección del receptor CRHR-2 se acompaña de un marcado incremento de las conductas del tipo ansiedad, del arousal, y de hipersensibilidad al estrés.

Todo parece indicar que, en condiciones de normalidad, el receptor de CRH tipo 2 antagoniza los efectos ansiogénicos del receptor tipo 1 (Smith *et al*, 1998;Behan *et al*, 1996;Kishimoto *et al*, 2000;Bale and Vale, 2004;Gammie *et al*, 2005;Bale *et al*, 2002;Bale *et al*, 2000;Bale, 2005). La administración oral del antagonista no-peptídico del receptor CRHR-1 antalarmina a monos rhesus inhibe de modo significativo las conductas propias de la ansiedad y potencia el comportamiento exploratorio. Además, la antalarmina también logra incrementar los niveles plasmáticos de ACTH, cortisol, noradrenalina y adrenalina (Habib *et al*, 2000).

Existe un cierto dimorfismo sexual en la organización de las respuestas al estrés. Algunos autores consideran que el sexo femenino tiene el doble de riesgo de desarrollar depresión que los varones. En particular, el sexo influye en el funcionamiento de las respuestas biológicas asociadas al sistema CRH. Por ejemplo, el efecto del genotipo CRHR-2 sobre la expresión de respuestas al estrés depende del sexo. Así, cuando se somete a ratones con deficientes en CRHR-2 a estrés por inmersión (lo que constituye un buen modelo de actividad serotonérgica y catecolaminérgica), tanto machos como hembras muestran de modo significativo mayores tiempos de inmovilidad (considerado como un indicador de depresión en dicho modelo) que los ratones no modificados. Sin embargo, los ratones mutantes y salvajes del sexo femenino muestran una mayor inmovilidad que los machos de genotipo homólogo. Al compensar la deficiencia en CRHR-2 mediante un antagonista CRHR-1 (antalarmina), logra reducirse el tiempo de inmobilidad en ambos sexos, pero este efecto depende del sexo (Bale and Vale, 2003). Sin embargo, otros modelos experimentales han encontrado hallazgos de signo aparentemente opuesto. El equipo de Bale (Bale *et al*, 2002) ha generado ratones doblemente deficientes en CRHR-1 y CRHR-2, con la finalidad de evaluar el papel de ambos receptores en la génesis de la respuesta al estrés. Aunque las hembras con la doble mutación presentaron comportamientos propios de un estado de ansiolisis los machos homólogos mostraron más conductas del tipo ansiedad. Además, el genotipo de los progenitores influyó en los niveles de ansiedad de la descendencia, de modo que los machos nacidos de ratones heterocigotos o mutantes mostraron significativamente más ansiedad, independientemente de su propio genotipo. Los ratones doblemente mutantes también mostraron anomalías más intensas en su eje HHA en respuesta al estrés que los que sólo portaban la delección en CRHR-1 (Riaza Bermudo-Soriano, C, 2008).

La disponibilidad de CRH libre en el SNC se encuentra regulada de manera estricta por la expresión de una **proteina ligadora de CRH** (*CRH-Binding Protein, CRH-BP)*. Por este motivo el gen codificante para CRH-BP podría ser una diana útil para el estudio de los factores neurobiológicos vinculados con depresión mayor. Mientras los ratones modificados para expresar el gen CRH-BP en exceso muestran un aumento significativo de su actividad y disminución de los de su nivel de ansiedad (Burrows *et al*, 1998), los ratones *knock-out* para CRH-BP presentan conductas de carácter ansioso (Karolyi *et al*, 1999). Un estudio reciente ha demostrado que ciertas variantes polimórficas del gen de la CRH-BP se asocian a una mayor vulnerabilidad a padecer depresión mayor (Claes *et al*, 2003).

Se ha sugerido que el CRH y su familia de ligandos participan en la **regulación del equilibrio energético de mamíferos**. Un interesante estudio publicado por el equipo de Bale (Bale *et al*, 2003) ha permitido investigar cómo influye el receptor tipo 2 de CRH en la regulación del metabolismo. Los ratones deficientes en CRHR-2 fueron sometidos a numerosos estímulos con la finalidad de inducir modificaciones en su metabolismo. Mientras que los ratones mutantes para CRHR-2 sometidos a dietas enriquecidas en altos contenidos de grasas consumieron más alimento, lograron mantener el peso y reducir significativamente el contenido corporal de grasa y terminaron presentando niveles de lípidos plasmáticos más bajos que las cepas no modificadas genéticamente. Además, los ratones deficientes en CRHR-2 resultaron menos proclives al desarrollo de resistencia a insulina, siendo más sensibles a los cambios en la glucemia periférica. La exposición repetida al frío condujo a una menor frecuencia de ingesta alimentaria con menor contenido graso corporal, lo que podría estar asociado a una mayor eficiencia en el uso de la grasa como sustrato energético. En comparación con las cepas salvajes, los ratones deficientes en CRHR-2 presentaron menor contenido de grasa blanca y parda, hecho posiblemente vinculado a un incremento del tono simpático (Riaza Bermudo-Soriano, C, 2008).

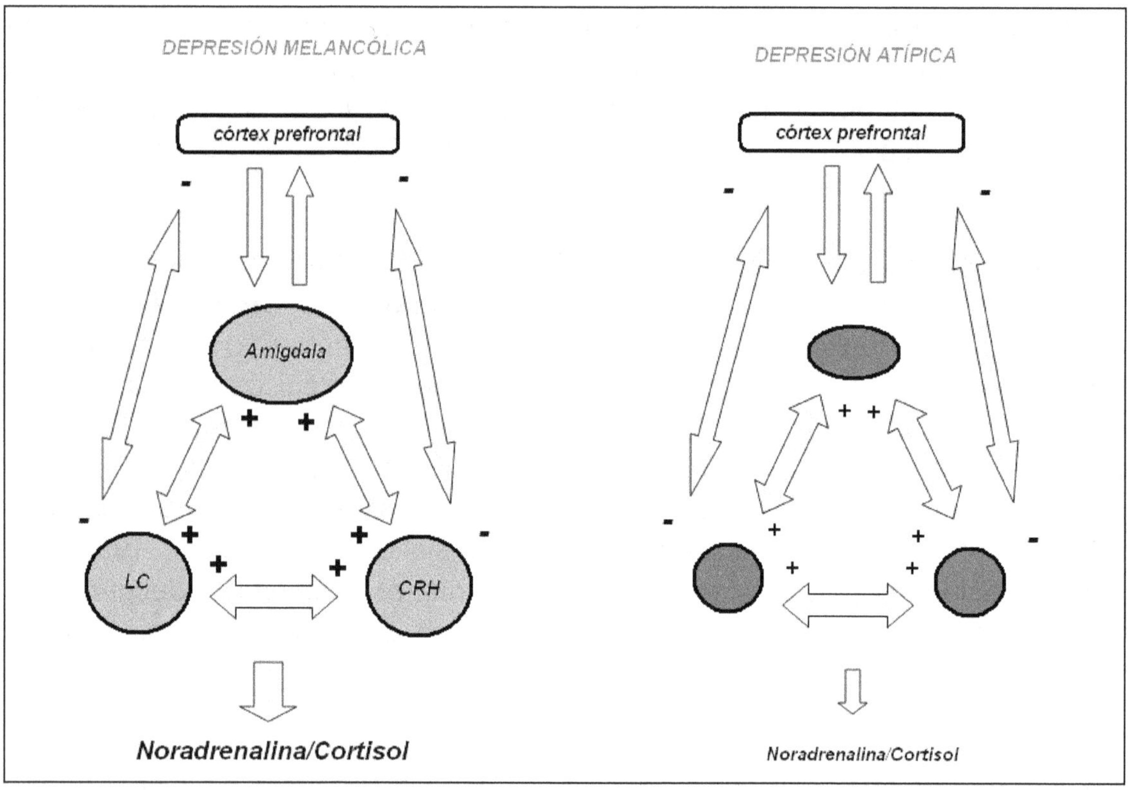


**Ilustración 1. Representación esquemática de los circuitos relacionados con el estrés en situaciones de normalidad y depresión.**

En ausencia de estímulos estresantes significativos, el sistema de respuesta a estrés no se encuentra inactivo. Por el contrario, permanece en un constante equilibrio que implica la modulación y retroalimentación mutua de los distintos componentes que lo integran. Los datos proporcionados sobre la neurobiología de la respuesta al estrés en primates no humanos ha permitido conocer las siguientes interacciones en situaciones de normalidad: (a) el córtex prefrontal actúa inhibiendo la actividad del eje HHA, de la amígdala y del *locus coeruleus* (LC); (b) el eje HHA, la amígdala y el LC se activan mutuamente de modo reverberante; (c) la activación del eje HHA, de la amigdalina, y del LC, inhibe al córtex prefrontal. La depresión melancólica puede entenderse como una respuesta al estrés excesivamente prolongada e intensa, que no ha facilitado la retroalimentación equilibrada de sus distintos componentes, y que conduce a: (a) una disminución de la actividad del córtex prefrontal, (b) activación del sistema de estrés y de la amígdala. La depresión atípica puede considerarse como un estado neto de hipoactividad del sistema de respuesta al estrés. Modificado de Gold (Gold, P. W. and Chrousos, G. P., 2002;Riaza Bermudo-Soriano, C, 2008).

### 4.2.2. Anomalías en el sistema de respuesta a estrés en pacientes con depresión

El **estrés** tiene la capacidad de precipitar el desarrollo de depresión y modifica sustancialmente su expresión e historia natural. Tanto el estrés como la depresión mayor son fenómenos de naturaleza similar en lo que respecta a su clínica y neurobiología.

Se ha propuesto que muchas de las características de la depresión mayor reflejan la presencia de anomalías en los patrones de respuesta a estrés. Ésta se encuentra integrada por un conjunto de programas biológicos organizados y de naturaleza estereotipada cuya activación produce modificaciones en el estado de ansiedad/activación, pérdida de flexibilidad cognitiva y afectiva, activación del sistema nervioso autonómico y del **eje hipotálamo-hipófiso-adrenal (eje HHA)**. Además, el estrés conlleva la inhibición de una serie de respuestas vegetativas que deben quedar abolidas ante situaciones que sitúen al individuo en riesgo vital: conductas reproductivas, crecimiento y alimentación.

La exposición a factores estresantes tempranos y la privación sensorial se asocian con la aparición ulterior de patrones conductuales anormales, ansiedad y depresión (Yehuda *et al*, 2001;Yehuda *et al*, 2001). Los estudios de Spitz proporcionaron valiosa información acerca de los efectos de la deprivación sensorial y afectiva durante las primeras fases de la infancia (Spitz, 1952;Emde *et al*, 1965). Así, los niños depositados en orfanatos poco después del nacimiento solían llorar de manera frecuente y vigorosa durante los primeros 5 ó 6 meses. Sin embargo, más adelante dicha conducta se extinguía, incluso si se les dejaba solos y sin alimentación apropiada durante horas. Los niños expuestos a este ambiente tan hostil perdían rápidamente el interés por el entorno. Del mismo modo, otros trabajos de investigación realizados sobre primates no-humanos con privación afectiva han alcanzado conclusiones similares. Los individuos sometidos a abuso o abandono temprano por sus madres muestran alteraciones conductuales parecidas a las descritas con anterioridad y significativa hipoactividad del eje HHA (Gold, P. W. and Chrousos, G. P., 2002).

No existe homogeneidad en la clínica y fisiopatología de los distintos estados depresivos. Mientras los pacientes melancólicos suelen mostrarse ansiosos, pierden la reactividad al ambiente, el apetito, los patrones normales de sueño, y manifiestan un intenso sentimiento de tristeza, pesimismo y agotamiento de su plan vital, síntomas más intensos por las mañanas. En la **depresión melancólica** tiene lugar un incremento de la respuesta al estrés, que se traduce en una activación excesiva del eje HHA y de reducciones en los niveles de actividad de hormonas sexuales y de GH. Por el contrario, los pacientes con **depresión atípica** experimentan signos clínicos que parecen discurrir en sentido opuesto a los de los pacientes melancólicos ("signos invertidos"). Estos pacientes suelen mostrarse fatigados, somnolientos y letárgicos, comen en exceso, y su estado de ánimo (ocasionalmente reactivo al entorno) no empeora por las mañanas.

Varios trabajos de investigación han detectado la presencia de signos de hiperactividad del eje HHA en pacientes con depresión, especialmente en casos de **melancolía y de depresión psicótica** (Nelson and Davis, 1997;Kunugi *et al*, 2006). Dicho estado de hiperfunción del eje HHA podría estar mediado por la secreción excesiva de CRH desde el núcleo paraventricular del hipotálamo (PVN). Al igual que ocurre en la deficiencia hipotalámica de CRH, los pacientes con depresión melancólica presentan un aplanamiento de la respuesta de ACTH tras estimulación con CRH exógena. Sin embargo, en esta patología el patrón de respuesta no se encuentra retardado. En este caso, las células adrenales se tornan hipersensibles a ACTH como consecuencia de la liberación central desmesurada de CRH que acompaña al estado melancólico.

Los cambios en la función del eje HHA en pacientes con depresión mayor no son constantes en la literatura. Posiblemente, dicha inconsistencia sea debida a multitud de factores. Así, las distintas investigaciones difieren respecto a la modalidad de atención de los pacientes incluidos. A pesar de que la mayoría de pacientes con depresión mayor son atendidos en dispositivos ambulatorios, gran parte de los estudios sobre aspectos endocrinológicos de esta patología han sido realizados sobre muestras de pacientes ingresados en unidades de hospitalización breve. Además, gran parte de los pacientes analizados se encontraban bajo tratamiento farmacológico en el momento del examen, lo cual constituye un error metodológico potencial. Finalmente, la ausencia de grupo control y el escaso tamaño de muchas de las muestras en numerosos estudios publicados menoscaban la validez y aplicabilidad de las conclusiones extraídas a partir de los mismos. Por tanto, existe una gran heterogeneidad de lo que entendemos por depresión, una entidad sindrómica en la que seguramente estén integrados subgrupos de pacientes con aspectos etiopatogénicos y patoplásticos divergentes (Brouwer *et al*, 2005).

También la conducta suicida se asocia con el estrés. Varias líneas de investigación atestiguan la implicación de anomalías en el funcionamiento del eje HHA, de la CRH y de sus receptores, en el origen de ciertas formas de depresión, y en la aparición de conducta suicida en varones (Westrin *et al*, 1999). En un estudio del equipo de Wasserman (Wasserman *et al*, 2007), se analizó la posible asociación de varios SNPs (*Single Nucleotide Polymorphism*) situados en el gen CRHR-1 con la conducta suicida. La utilización de TDT (*Transmisión Disequilibrium Test*, test de trasmisión de desequilibrio) sobre tríos familiares con un intento de suicidio en la descendencia (n=542), y la estratificación por niveles de estrés, demostró una asociación significativa entre el SNP rs4792887 del gen CRHR-1 y la comisión de un intento de suicidio en pacientes expuestos a niveles bajos de estrés (P=0,002). Entre ellos, la mayoría fueron varones deprimidos (P= 0.001). Por ello, dicho alelo podría aportar cierta susceptibilidad al suicidio, incrementando la actividad del eje HHA tras la exposición a bajos niveles de estrés.

Siguiendo con lo expuesto anteriormente, se ha sugerido que el genotipo para el receptor CRHR-1 influye en la respuesta de los pacientes depresivos al tratamiento farmacológico. Se ha sugerido que la regularización de los niveles de CRH es un punto común en la acción terapéutica de diversas moléculas antidepresivas utilizadas en el contexto de la depresión mayor. El tratamiento de los síntomas depresivos con ISRS logra reducir la actividad de neuronas productoras de CRH, lo que probablemente contribuya al efecto terapéutico de dicho grupo de antidepresivos.

En un reciente estudio prospectivo, randomizado doble-ciego se comparó la eficacia del tratamiento con fluoxetina ó desipramina durante 8 semanas en 80 pacientes estadounidenses de origen mejicano con diagnóstico de depresión (Licinio *et al*, 2004). Se realizó un análisis del haplotipo para diferentes SNPs ubicados en el gen CRHR-1 (rs1876828, rs242939 y rs242941) y se buscó asociación entre los distintos haplotipos y la respuesta al tratamiento antidepresivo tras 8 semanas de seguimiento. En el grupo de pacientes con alta ansiedad (HAM-A >18; n=54), la homozigosidad para el haplotipo GAG se asoció significativamente a una reducción relativa del 70% en la puntuación de la escala HAM-A comparando con el estado de heterozigosidad (63.1 ± 4.5 frente a 37.1± 6.9 %, respectivamente; P=0.002). Por otro lado, la homozigosidad para el haplotipo GAG se asoció significativamente a una descenso de la puntuación en la escala HAM-D tras el tratamiento un 31% mayor que en el estado de heterozigosidad (67.3±4.3 frente a 51.2 ± 6.0%, respectivamente; P=0.03). Sin embargo, en aquellos pacientes con baja ansiedad, no se encontró asociación significativa entre los genotipos CRHR-1 y el cambio en las puntuaciones de las escalas HAM-A o HAM-D.

Un trabajo de Liu (Liu *et al*, 2007) trató de investigar la posible asociación de algunas variantes polimórficas del gen de CRHR-1 (rs1876828, rs242939 y rs242941) con la respuesta al tratamiento con fluoxetina de 127 pacientes chinos con diagnóstico de depresión mayor. El genotipo rs242941 G/G y la homozigosidad para el haplotipo GAG en los tres SNPs se asoció a una mayor respuesta terapéutica con fluoxetina a las 6 semanas de tratamiento en pacientes depresivos con altos niveles de ansiedad. Todos estos datos sugieren que la respuesta al tratamiento farmacológico de pacientes con depresión parece estar influido por numerosos factores, entre los cuales se encuentran posiblemente genes relacionados con los mecanismos fisiopatológicos vinculados con estrés e inflamación, como el del CRHR-1. Sin embargo, por el momento no existe literatura suficiente que avale directamente la conexión entre las anomalías en la función de los receptores de CRH y el desarrollo de depresión atípica.

La **lesión traumática o tumoral del hipotálamo** en modelos animales da lugar a la aparición de un patrón prototípico de hipocortisolismo central, caracterizado por un retraso en la liberación de ACTH tras el estímulo con CRH, y por un descenso en la liberación de cortisol. En este caso, aunque las células hipofisarias productoras de ACTH son capaces de producir sintetizar la hormona, la mantienen almacenada por la falta de potenciación con CRH a la que suelen estar sometidas en esta situación clínica. El aplanamiento de la producción adrenal de cortisol tras la administración de CRH posiblemente responda a motivos similares, de modo que la potenciación del eje con dosis repetidas de CRH exógena logra estimular la producción adrenal de cortisol (Avgerinos *et al*, 1986).

Otro ejemplo que ilustra íntima interconexión entre el eje HHA y las distintas formas de depresión se sitúa en los hallazgos observados en la **enfermedad de Cushing**. Esta patología se asocia a la aparición de depresión. Además, se estima que cerca del 80% de estas depresiones muestran características atípicas. Los pacientes con este síndrome presentan un retraso y aplanamiento en la respuesta plasmática de ACTH y niveles reducidos de cortisol tras la estimulación con CRH (patrón prototípico de la deficiencia de CRH de origen central) (Gold, P. W. and Chrousos, G. P., 2002).

Se ha sugerido que el eje HHA de los pacientes con **depresión atípica** se encuentra hipoactivo, a diferencia de lo que sucede en la melancolía. En particular, dicho estado probablemente tenga un origen central y se asocie a la producción insuficiente de CRH, con las consecuencias neurobiológicas que de ello se derivan (Andreasson *et al*, 2007;Gold *et al*, 2002;Gold and Chrousos, 1999;Gold, P. W. and Chrousos, G. P., 2002;Gold *et al*, 1996). Los pacientes con depresión atípica muestran una sensibilidad exagerada del eje HHA a la supresión con dosis bajas de glucocorticoides. Esta situación podría conducir a la supresión inapropiada del eje HHA y al consiguiente defecto en la secreción de CRH. En un estudio realizado sobre 8 mujeres con depresión atípica y 11 mujeres sanas apareadas por edad e índice de masa corporal, la administración de una dosis baja de dexametasona (0,50 mg a las 23:00) indujo una mayor supresión de los niveles plasmáticos de cortisol al día siguiente (8:00 y 15:00 horas; 91.9%, desviación estándar 6.8%) en las pacientes atípicas que en los controles (78.3%, SD 10.7%; p < 0.01). Estos datos sugieren que, en contra de los hallazgos neuroendocrinos propios de la melancolía, la depresión atípica se asocia a un excesiva retroalimentación negativa del eje HHA (Levitan *et al*, 2002), pero no todos los estudios en este campo aportan datos en la misma línea (Gold, P. W. and Chrousos, G. P., 2002).

Los niveles periféricos de cortisol parecen ser más bajos entre los pacientes con depresión atípica que en depresivos no-atípicos. Un estudio comparó los niveles de cortisol sérico entre 25 pacientes que cumplían criterios de depresión atípica y 56 pacientes depresivos no-atípicos, y encontró diferencias significativas en los niveles de cortisol sérico (437±137 nmol/l en atípicos; 353±143 nmol/l en no-atípicos; p<0,001), pero no en el cortisol libre urinario medido a lo largo de 24 horas (Brouwer *et al*, 2005).

Las investigaciones sobre la hipoactividad del eje HHA en depresión atípica ha resultado muy complejo hasta el desarrollo de técnicas que permiten diferenciar el origen hipotalámico, pituitario o adrenal de dicha anomalía. Posiblemente, parte de las dificultades a la hora de investigar las anomalías en el funcionamiento del eje HHA en pacientes con depresión tengan que ver con el hecho de que el eje HHA suele encontrarse quiescente durante horas y que a lo largo del día se producen pequeños pulsos de CRH. La medición repetida (cada 3 minutos) durante 24 horas de los niveles plasmáticos de ACTH y cortisol ha permitido conocer las diferencias existentes entre pacientes con depresión atípica y voluntarios sanos en los patrones de liberación pulsátil de CRH. Los pacientes con depresión atípica presentan reducciones significativas de la secreción plasmática de ACTH en ausencia de otras anomalías en los distintos componentes del eje HHA, lo que subraya la importancia del déficit hipotalámico de CRH en la fisiopatología de este trastorno (Gold, P. W. and Chrousos, G. P., 2002;Gold *et al*, 1986;Gold *et al*, 1995;Riaza Bermudo-Soriano, C, 2008).

El estudio de los pacientes con **trastorno afectivo estacional** también ha permitido identificar indicios de hipoactividad central del eje HHA coincidentes con los hallazgos neuroendocrinos de la depresión atípica, lo cual resulta especialmente interesante si se tiene en cuenta que ambas patologías comparten algunas características clínicas y etiopatogénicas (Stewart *et al*, 1990;Tam *et al*, 1997;Gold, P. W. and Chrousos, G. P., 2002).

Los pacientes con **trastorno por estrés postraumático** presentan una respuesta exagerada del cortisol tras la administración de dosis bajas de dexametasona. Asimismo, estos pacientes muestran una reducción significativa de la excreción de cortisol (Yehuda, 2001).

Aunque el **síndrome de fatiga crónica** y la depresión son entidades independientes con manifestaciones clínicas que no son exactamente superponibles, comparten ciertas características. Así, los pacientes con fatiga crónica presentan un aplanamiento de ACTH y cortisol tras la estimulación con CRH exógena, pero el patrón de respuesta depende de la dosis utilizada (Demitrack and Crofford, 1998)

Los estresores, tanto percibidos como reales, suponen un reto a la homeostasis. La respuesta al estrés es una respuesta innata, estereotipada que tiene por finalidad la adaptación a los factores de estrés. El sustrato neurobiológico del sistema de respuesta a estrés comprende una serie de loci neuroanatómicos que activan un repertorio de patrones conductuales, cognitivos y fisiológicos. Las respuestas adaptativas, aunque son esenciales para la supervivencia, pueden sufrir una desregulación que conduzca a la aparición de psicopatología. Un ejemplo de esto son las enfermedades autoinmunes. Según Gold (Gold, 2015), la depresión, como los procesos inmunitarios, representan respuestas adaptativas afectadas por desregulación. Las manifestaciones principales de la respuesta normal al estrés es la ansiedad. Los programas cognitivos sufren una migración desde operaciones asociativas complejas a reactivación de memorias emocionales inconscientes adquiridas durante situaciones de amenaza. Estas reacciones emergerían automáticamente para facilitar la supervivencia. Para prevenir distracciones durante las situaciones de estrés, la capacidad para buscar y experimentar placer se encontraría disminuida durante estos periodos, la ingesta alimentaria, la actividad sexual y el sueño quedarían apagados (Gold, P. W., 2015).

Las monoaminas, citoquinas, glutamato, GABA y otros mediadores centrales se consideran esenciales en la organización de las respuestas normales al estrés. Son muchos los loci biológicos implicados en dicho proceso. El córtex prefrontal subgenual controla a la amígdala, al eje CRH/hipófiso-adrenal y al sistema simpático-medular. La función del córtex prefrontal subgenual se encuentra moderadamente disminuída durante la respuesta normal al estrés para desinhibir a dichos loci. Esta desinhibición produce ansiedad e hiperarousal fisiológico, mientras disminuye el apetito y el sueño. El núcleo accumbens también se encontraría regulado a la baja para reducir la posible distracción por estímulos placenteros (Gold, P. W., 2015).

En esta situación, se produce un aumento de resistencia a la insulina, activación de inflamación y cierta tendencia a estados protrombóticos. Esto ocasionaría un incremento de la disponibilidad de glucosa en el cerebro y anticiparían la posible aparición de cualquier lesión de tipo hemorrágico en el contexto de una amenaza. Resulta esencial que se produzcan una serie de cambios intracelulares de tipo adaptativo, que facilitarían un aumento de la neurogénesis, neuroplasticidad y de una respuesta del retículo endoplásmico al estrés (Gold, P. W., 2015).

En la depresión melancólica, las actividades del sistema glutamatérgico, noradrenérgico y de citoquinas se encuentran activadas de modo persistente. La actividad del córtex prefrontal subgenual se encuentra alterada y su tamaño reducida en cerca del 40%. Esto conduce a ansiedad sostenida y activación de la amígdala, el eje CRH/HHA, el sistema simpatomedular, con las consecuencias que de ello se derivan: despertares precoces y pérdida de apetito. Además, la actividad del núcleo accumbens parece estar reducida, lo que da lugar a anhedonia. De modo paralelo, se produce un descenso de los procesos de neurogénesis y neuroplasticidad. Los antidepresivos atenúan estos procesos disruptivos. Todos estos fenómenos neurobiológicos que entran en juego conducen a las manifestaciones conductuales y fisiológicas propias de la depresión, lo que se asocia a descenso en la expectativa de vida y a la duplicación del riesgo de padecer enfermedad coronaria, diabetes mellitus y osteoporosis (Gold, P. W., 2015).

Desde una perspectiva clínica, depresión melancólica y atípica parecen situarse en polos opuestos. En la melancolía, los sistemas neurobiológicos asociados a la depresión empeoran por las mañanas cuando los sistemas de arousal se encuentran más activos (eje CRH/HHA y sistema noradrenérgico). En la depresión atípica, los síntomas depresivos empeoran durante las tardes, cuando los sistemas de arousal se encuentran en su mínima actividad. Los pacientes con melancolía experimentan frecuentemente insomnio y anorexia, mientras que los que sufren de depresión atípica suelen sufrir hipersomnia e hiperfagia. La melancolía remeda un estado de sobreactivación persistente de la respuesta al estrés normal, mientras que la depresión atípica reproduce de algún modo una respuesta al estrés que ha quedado excesivamente inhibida (Gold, P. W., 2015).

Por todo ello, parece apropiado tener en cuenta estas diferencias clínicas y neurobiológicas a la hora de diseñar estudios que evaluen la eficacia de distintas opciones terapéuticas antidepresivas o que investiguen los factores fisiopatológicos implicados en cada uno de los subtipos de depresión.

En resumen, según Gold (Gold, P. W., 2015), debe considerarse que la depresión melancólica vendría mediada por una activación desmesurada del sistema de respuesta al estrés y de los loci neurobiológicos asociados (córtex prefrontal subgenual, amígdala, sistema noradrenérgico y eje CRH/HHA), interrelacionados a través de bucles de retroalimentación. Sería interesante conocer los mecanismos biológicos que explican que este sistema de respuesta al estrés se halle hiperactivado de modo persistente y disfuncional (Gold, P. W., 2015).

Se han propuesto algunos modelos animales de depresión con la finalidad de estudiar los mecanismos fisiopatológicos implicados y evaluar la utilidad potencial de nuevos tratamientos. Sería apropiado disponer de distintos modelos que se correspondan con los diferentes perfiles clínicos de la depresión en humanos. Como se ha comentado anteriormente, los acontecimientos vitales estresantes se asocian a un incremento del riesgo de desarrollar depresión. El grupo de trabajo de Goto (Goto and Toyoda, 2015) desarrolló de un modelo animal de estrés social subcrónico y leve (sCSDS, subchronic social defeat stress) utilizando un paradigma modificado de estrés social bien conocido (CSDS, chronic social defeat stress). En este paradigma, para evitar las lesiones físicas derivadas de una agresión, se redujo la duración del contacto físico entre el agresor y la víctima en comparación con el paradigma CSDS. Los ratones sCSDS mostraron un incremento del peso corporal, de la ingesta alimentaria y de agua durante los periodos en los que se aplicó el estresor, sus conductas sociales se suprimieron tras el periodo de estrés. Este fenotipo parece superponerse al perfil de depresión atípica humana. Por ello, se ha propuesto que el modelo animal sCSDS podría ser una herramienta útil en el estudio de los mecanismos biológicos implicados en la depresión (Goto, T. and Toyoda, A., 2015).

Disponer de modelos animales de depresión podría ser una estrategia útil para comprender los mecanismos fisiopatológicos que subyacen a esta enfermedad. Partiendo de la evidencia que apunta a la implicación del estrés en el origen de la depresión, el grupo de investigación de Surget (Surget *et al*, 2016) generó un modelo murino de reactividad ante el estrés mediante la crianza selectiva de líneas con patrones de reactividad extrema en el eje HHA, lo que dio como resultado la obtención de ratones con reactividad alta (*HR*, *high reactivity*), intermedia (*IR*, *intermediate reactivity*) y baja (*LR*, *low reactivity*). La caracterización de las alteraciones fenotípicas de dichos modelos resaltó las similitudes existentes entre los fenotipos HR y LR con la depresión melancólica y atípica, respectivamente. Se investigó entonces si el tratamiento antidepresivo con fluoxetina (10 mg/kg/día i.p., 4-5 semanas) podría lograr atenuar las características fenotípicas de los ratones HR y LR en cuanto a las funciones neuroendocrinas (actividad basal del eje HHA, reactividad al estrés, y retroalimentación negativa), emocionales (reactividad/estrategias de afrontamiento, en los paradigmas de inmersión forzada y campo abierto), aprendizaje y memoria espacial (test water-maze de Morris), y neurogénesis en hipocampo. Las diferencias entre distintas líneas de ratones para la reactividad del eje HHA se mantuvieron sin cambios significativos tras el tratamiento con fluoxetina. Sin embargo, se observó un efecto significativo de la fluoxetina en la retroalimentación negativa inducida por glucocorticoides, conductas de afrontamiento del esttrés, funcionamiento cognitivo y neurogénesis. De modo específico, estos resultados revelaron que los efectos de la fluoxetina dependían de la línea murina utilizada y consistieron en:

- una atenuación de las características de tipo melancólico en los ratones de fenotipo HR (con reversión de la resistencia a la retroalimentación negativa por glucocorticoides, estilo de afrontamiento hiperactivo, déficits en la memoria, e incremento de neurogénesis en hipocampo)
- una exacerbación del fenotipo propio de la línea de ratones LR (incrementando el feed-back negativo y el estilo de afrontamiento pasivo)

Estos hallazgos apoyan la validez predictiva del tratamiento antidepresivo en los ratones HR y subrayan la importancia de este abordaje animal en el conocimiento de las bases fisiopatológicas y terapéuticas de la depresión desde una perspectiva trasnacional (Surget, A., Van Nieuwenhuijzen, P. S., Heinzmann, J. M., Knapman, A., Mcilwrick, S., Westphal, W. P., Touma, C., and Belzung, C., 2016).

4.2.3. Depresión, estrés e inflamación.

Cada día disponemos de mayor información sobre los mecanismos neurobiológicos que regulan el **balance entre ingesta alimentaria y gasto energético**, se sabe que existe un equilibrio entre factores orexígenos (como el neuropéptido-Y, NPY) y anorexígenos (MSH-α, hormona estimuladora de melanocitos; y CRH). La depresión se asocia a cambios en la conducta alimentaria y el peso de los individuos que la padecen. Mientras la depresión de perfil melancólico se asocia a la presencia de anhedonia, hiporexia y pérdida de peso, la depresión atípica se acompaña de un significativo aumento de la ingesta alimentaria y de ganancia ponderal.

El hipotálamo ejerce un el control principal sobre la regulación del apetito, aunque hay otras muchas áreas implicadas en dicha función fisiológica, entre las cuales se encuentra el núcleo del tracto solitario (NTS, que canaliza la entrada de aferencias sensoriales procedentes del aparato digestivo, por vía espinal ó vagal, hacia centros superiores del Sistema Nervioso Central), las proyecciones ascendentes desde el NTS alcanzan áreas diencefálicas y prosencefálicas implicadas en el procesamiento de la información visceral y en el control de la ingesta alimentaria, como son el núcleo hipotalámico paraventricular (PVN), el núcleo accumbens (implicado en los efectos gratificantes de la ingesta) y la corteza de la ínsula (en la que se sitúa el área gustativa primaria) (Andreasson *et al*, 2007).

En los últimos años la literatura sobre los trastornos afectivos se ha centrado de modo notable en la participación de mecanismos inflamatorios en el origen de estas patologías. Las **citocinas proinflamatorias** como la IL-1, IL-6, TNF-α (Factor de Necrosis Tumoral, *Tumor Necrosis Factor-α*), y algunos tipos de IFN (Interferón) son moléculas solubles implicadas en la inflamación y en la organización de las respuestas fisiológicas sistémicas integradas dentro de la reacción de fase aguda.

La administración experimental citocinas proinflamatorias da como resultado la aparición de clínica constitucional, malestar general, retardo psicomotor, anorexia, anergia, anhedonia, dolor y diversas alteraciones de los patrones de sueño (Riaza Bermudo-Soriano and Chinchilla Moreno, 2007;Hinze-Selch and Pollmacher, 2001;Dantzer, 2001). Las citocinas proinflamatorias poseen la capacidad de alterar el balance entre ingesta y gasto energético de manera similar a lo que ocurre en los individuos con depresión mayor (Raison *et al*, 2006).

Algunas citocinas proinflamatorias inhiben los mecanismos que regulan el apetito y la gratificación producida por la ingesta alimentaria (Andreasson *et al*, 2007). La IL-1, IL-6, IFN y TNF-α reducen la ingesta alimentaria. Dichas citocinas están implicadas en la anorexia propia de situaciones de infección e inflamación sistémicas. Probablemente, influyan en el balance energético a través de su interacción con las rutas neurales que regulan el apetito. Además, estas citocinas modulan la actividad gastrointestinal (como la motilidad y vaciamiento gástricos) y regulan la liberación de péptidos intestinales con propiedades diferentes sobre la ingesta alimentaria (colecistokinina) (Wong and Pinkney, 2004), y pueden inducir la liberación de hormonas reguladoras del apetito, como la insulina, el glucagón, la leptina, y los glucocorticoides (Andreasson *et al*, 2007).

Algunas citocinas inflamatorias podrían modular los mecanismos de gratificación asociados a la ingesta alimentaria (De La, 2005). A diferencia de la anorexia, que no se ve afectada, la pérdida de gratificación con la ingesta alimentaria puede ser evitada si se administra previamente un ISRS. De ello se desprende que la anhedonia y la anorexia tienen su origen en mecanismos biológicos distintos, y que la pérdida de apetito propia de ciertas formas de depresión mayor podría ser explicada, al menos parcialmente, por la pérdida de la capacidad para experimentar placer o gratificación con la comida (Merali *et al*, 2003). Sin embargo, el apetito es un comportamiento complejo que va más allá del balance entre hambre y saciedad. La anorexia puede parece estar relacionada con el factor anhedonia, uno de los síntomas fundamentales del fenómeno depresivo.

Se ha descrito un mecanismo de retroalimentación negativa entre mediadores inflamatorios y activación del eje HHA. Así, el incremento de citocinas circulantes (como respuesta a situaciones de inflamación o infección sistémicas, por ejemplo) tiene como resultado la activación del eje HHA (a través de un incremento de la síntesis de CRH desde el PVN) y el aumento en la tasa de producción de glucocorticoides. Estos, a su vez, poseen un cierto efecto inmunosupresor al reducir la tasa de liberación de citocinas proinflamatorias. En un nivel conductual, la activación del eje HHA por citocinas proinflamatorias va ligada a la aparición anorexia propia de ciertas depresiones. Por ejemplo, la administración experimental de IL-1β (ver más adelante) tiene como resultado una reducción significativa de la ingesta alimentaria que se encuentra mediada por la liberación de cantidades excesivas de CRH (Gold *et al*, 1995;Wong and Pinkney, 2004;Gold *et al*, 1996;Andreasson *et al*, 2007;Arborelius *et al*, 1999).

En lo que respecta al grado de activación del sistema inmune en trastornos afectivos se han publicado datos discordantes. En un estudio publicado por el grupo de trabajo de Anisman (Anisman *et al*, 1999), se exploró la presencia de alteraciones en los niveles de IL-1β e IL-2 en pacientes con depresión, y su relación con el perfil de manifestaciones neurovegetativas y con el factor cronicidad. Se compararon los niveles circulantes de ACTH, cortisol, noradrenalina y adrenalina, así como la síntesis de IL-1β e IL-2 (por linfocitos estimulados con mitógenos) entre pacientes con depresión mayor clásica, depresión atípica, y distimia. En comparación con los controles, los pacientes con depresión atípica mostraban una elevación significativa de sus niveles de ACTH, pero no de los de cortisol. Los niveles de IL-1β mostraron una alta correlación con la duración de la enfermedad y con una edad de comienzo menor, independientemente del perfil neurovegetativo. Aunque los niveles de IL-2 resultaron significativamente reducidos en todos los grupos de depresivos, los depresivos atípicos mostraron un descenso menos marcado. Además, los niveles de IL-2 en pacientes depresivos guardaron una correlación directa con los de noradrenalina (Anisman *et al*, 1999).

Algunos estudios han encontrado signos de activación del sistema inmune en pacientes con depresión mayor. En particular, se ha observado la presencia de un incremento significativo de los niveles de citocinas proinflamatorias circulantes en los pacientes deprimidos. Otra observación interesante en este sentido guarda relación con el hecho de que entre el 30% y el 50% de los pacientes que reciben tratamiento con IFN-α por causa médica muestran signos de depresión y una reducción significativa de su apetito y del peso corporal. Es claro que los episodios depresivos inducidos por IFN-α pueden ser tratados de manera eficaz con antidepresivos (Raison *et al*, 2006;Andreasson *et al*, 2007). Por todo ello, parece probada la existencia de una interconexión significativa entre el sistema inmune y los mecanismos fisiopatológicos vinculados con el origen de ciertas formas de depresión. Sin duda, estas observaciones deben servir para encaminar el futuro de nuevas investigaciones en este campo, explorando el papel diferencial de ciertas anomalías inmunitarias en el origen de ciertas formas concretas de depresión (como la atípica).

Los distintos tipos de depresión parecen asociarse a patrones específicos de perfil inflamatorio. En un estudio reciente publicado por el grupo de trabajo de Dunjic-Kostic (Dunjic-Kostic *et al*, 2013) se midieron los niveles séricos de interleukina-6 (IL-6) y factor de necrosis tumoral alfa (TNF-α) en pacientes con depresión melancólica (n=29) y atípica (n=18), durante la fase de exacerbación aguda de la enfermedad, y en comparación con un grupo de voluntarios sanos (n=39). Se procedió a aparear a los participantes por sexo, índice de masa corporal y consumo de tabaco. Los niveles de IL-6 y TNF-α fueron medidos mediante la técnica de ELISA (*enzyme-linked immunosorbent assay*); la intensidad de los síntomas depresivos se evaluó mediante la escala Hamilton de depresión (HDRS). Se constató que los niveles de IL-6 se encontraban elevados de modo significativo en el grupo de pacientes depresivos melancólicos frente a controles sanos, mientras que no se detectaron diferencias entre controles y pacientes con depresión atípica. Los niveles de TNF-α en resultaron más bajos en ambos grupos de depresivos (melancólicos y atípicos) frente a controles sanos. El estudio detectó además una correlación positiva entre citocinas para el grupo de depresión atípica, no en melancólicos. Ni el sexo, ni la edad, ni el índice de masa corporal, ni el consumo de tabaco se asociaron a los niveles séricos de citocinas en los distintos grupos de análisis. En el grupo de pacientes con depresión atípica, los niveles de citocinas se correlacionaron con la duración de la enfermedad y con la edad de comienzo. Los niveles de IL-6 se correlacionaron con la duración de exposición a antidepresivos, tanto en pacientes atípicos como melancólicos. Por tanto, parece que los niveles de las citocinas proinflamatorias investigadas en este estudio podrían reflejar diferencias entre subtipos clínicos de depresión (Dunjic-Kostic, B., Ivkovic, M., Radonjic, N. V., Petronijevic, N. D., Pantovic, M., Damjanovic, A., Poznanovic, S. T., Jovanovic, A., Nikolic, T., and Jasovic-Gasic, M., 2013).

Existe poca información relativa a la asociación entre los distintos tipos de depresión y los marcadores inflamatorios predoctores de enfermedad coronaria. En una muestra de adultos jóvenes representativa de la población de EEUU se examinó las diferencias en los niveles séricos de proteína C reactiva (PCR) entre individuos con depresión mayor atípica (n= 16), depresión mayor no atípica (n = 93), y sin depresión mayor (n = 1682). Los adultos con depresión mayor atípica mostraron niveles superiores de PCR que aquellos sin depresión mayor (diferencia de medias = 1.56 mg/L) o que depresión mayor no atípica (diferencia de medias= 1.40 mg/L), incluso tras ajustar por posibles factores de confusión como trastornos de ansiedad, índice de masa corporal, estatus de fumador. Cerca de la mitad de los adultos con depresión mayor atípica tuvieron niveles de PCR en el rango de riesgo cardiovascular alto, en comparación con aquellos sin depresión mayor o con depresión mayor no atípica. Los niveles de PCR en adultos con depresión mayor no atípica o sin depresión mayor no mostraron diferencias significativas. Por tanto, los individuos con depresión atípica podrían estar mostrando una cierta activación de los parámetros inflamatorios vinculados a un aumento del riesgo cardiovascular (Hickman *et al*, 2014).

### 4.2.4. Depresión y obesidad: anomalías en la señalización del sistema de leptina

La depresión se asocia con frecuencia a obesidad. Asimismo, los pacientes afectados por síndrome de Cushing presentaban un aumento de la grasa abdominal, lo que ha llevado a investigar la distribución de la grasa corporal en pacientes con depresión. Numerosos estudios han relacionado la obesidad con la depresión (Dixon *et al*, 2003), y de nuevo en esta ocasión existen diferencias entre pacientes con cuadros típicos y atípicos. Así, mientras el IMC de los pacientes melancólicos permanece generalmente estable, en la depresión atípica sufre un incremento significativo (a expensas de la grasa corporal total y abdominal). En los pacientes con depresión melancólica tiene lugar un descenso del contenido magro (sarcopenia) que se acompaña del aumento significativo de la cantidad de grasa visceral (ver: *Tabla 3*).

Los pacientes con depresión mayor e hipercotisolemia muestran cerca del doble de grasa abdominal que los controles sanos apareados por altura y peso (Thakore *et al*, 1997). Además, los pacientes con síndrome de Cushing presentan un incremento significativo de los niveles plasmáticos de leptina en comparación con controles sanos. La explicación a este fenómeno todavía no ha sido aclarada. Se desconoce si guarda una relación directa con el incremento de la síntesis de corticoides propia de algunas formas de depresión, con el aumento del contenido graso corporal ó con otros factores metabólicos (Leal-Cerro *et al*, 2001). En cualquiera de los casos, y dados los importantes efectos atribuidos a la leptina en la regulación del sistema inmune, del eje HHA y del SNC, parece interesante conocer en qué medida esta sustancia se encuentra implicada en la depresión mayor (en particular en las formas atípicas).

Varios trabajos subrayan el papel de la **leptina** como citoquina (Fantuzzi and Faggioni, 2000). Los adipositos constituyen una fuente fundamental de leptina, pero también de otras citocinas (como TNF-α e IL-6). Se estima que cerca de un 30% de la IL-6 circulante en personas con obesidad procede del tejido adiposo. Generalmente, los efectos ejercidos por la leptina son de signo opuesto a los de la mayoría de citocinas proinflamatorias, salvo por el aumento en la actividad del SNC, la anhedonia y la anorexia que produce (Haynes *et al*, 1997). El efecto anorexígeno de la leptina y del resto de citocinas proinflamatorias viene medidado por la inhibición del NPY y la estimulación de la liberación de α-MSH en el hipotálamo. Todo ello tiene como consecuencia una reducción significativa de la cantidad de alimento ingerido más que de la frecuencia de la ingesta (Andreasson *et al*, 2007).

Ciertas citocinas inflamatorias se asocian a la aparición de la obesidad. El tejido adiposo es una importante fuente de citocinas (como IL-6 y TNF-α). Existe una interconexión bidireccional entre el sistema inmune y la leptina. Por ejemplo, la administración experimental de TNF-α y IL-1β a voluntarios sanos incrementa las concentraciones séricas de leptina (Fantuzzi and Faggioni, 2000). A su vez, la leptina regula las respuestas inmunes y estimula tanto la liberación de citocinas proinflamatorias como la fagocitosis. En modelos murinos, la deficiencia de leptina se asocia a un defecto en la producción de citocinas proinflamatorias y a una mayor letalidad del shock inducido por endotoxinas (Gaillard *et al*, 2000).

La leptina participa de la comunicación bidireccional que se establece entre el tejido adiposo y el eje HHA. De manera inicial, los glucocorticoides liberados en respuesta a estrés estimulan la producción de leptina. Sin embargo, un estrés sostenido o de gran intensidad genera cambios en sentido opuesto al reducir la producción de leptina en el SNC (Sandoval and Davis, 2003). La leptina ejerce un efecto inhibitorio sobre el eje HHA, actuando tanto a nivel adrenal como hipotalámico.

Los niveles sanguíneos de leptina en pacientes con depresion resultan variables entre distintos estudios habiéndose encontrado niveles elevados, disminuidos y no modificados (Cizza *et al*, 2005). Este hallazgo puede ser atribuido a la heterogeneidad clínica de los pacientes con diagnóstico de depresión. Es esperable que manifestaciones fenotípicas diversas (como la que se observa en el caso de la sintomatología típica y atípica en depresión) pudieran tener un correlato biológico de signo contrario (especialmente en lo que tiene que ver con los mecanismos fisiopatológicos que subyacen a las anomalías del control de la ingesta alimentaria y el peso). Algunas de estas diferencias podrían tener su explicación en el hecho de que el sexo influye de manera diferencial en muchos de estos procesos biológicos (Andreasson *et al*, 2007). Por el momento, no se ha estudiado adecuadamente el papel de la leptina en el origen de algunas características fenotípicas y metabólicas observadas en depresión atípica.

La **desregulación del sistema de señalización por leptina** asociado a la obesidad (hipertrigliceridemia debida a resistencia funcional central) parece afectar al estado de ánimo. Sin embargo, la evidencia disponible hasta la fecha sobre la desregulación del sistema de leptina en pacientes con depresión mayor no es concluyente. Se ha sugerido que estos hallazgos discordantes podrían deberse a la heterogeneidad clínica y biológica de la depresión mayor. Recientemente Milaneschi (Milaneschi *et al*, 2015) ha publicado un trabajo de investigación en el que se examinaba la relación de la leptina con los distintos subtipos de depresión mayor. Se tomó una muestra integrada por individuos de 18 a 65 años procedentes del estudio *Netherlands Study of Depression and Anxiety* con diagnóstico actual de depresión mayor (n = 1062) o en remisión clínica (n = 711), y un grupo control (n = 497). El disgnóstico de los pacientes se llevó a cabo utilizando criterios DSM-IV. Se evaluó la presencia de síntomas adicionales mediante el inventario de Sintomatología Depresiva (*Inventory of Depressive Symptomatology)*. Se midieron los niveles periféricos de leptina y los índices de adiposidad (IMC y circunferencia de cintura). Los resultados del estudio fueron los siguientes: en comparación con controles, los niveles de leptina resultaron más elevados entre los pacientes con depresión mayor atípica en remisión clínica (n = 144, odds ratio = 1.53, 95% IC= 1.16-2.03, p = .003) y actual (n = 270, odds ratio = 1.90, 95% IC = 1.51-2.93, p = 5.3e-8). Esta asociación resultó más intensa para mayores niveles de adiposidad (interacción leptina x IMC p < .02), lo que refuerza la hipótesis de la posible implicación de la resistencia a leptina. No se halló una asociación con leptina para el diagnóstico global de depresión mayor o para cada uno de los subtipos. Entre los individuos deprimidos en la actualidad, los niveles más altos de leptina se asociaron a síntomas clave del subtipo atípico de la depresión (como hiperfagia, incremento del peso, parálisis plúmbea). En conclusión, la desregulación del sistema de leptina (resistencia) parece representar un mecanismo de conexión entre la obesidad y la depresión mayor con características atípicas. Esta resistencia a leptina podría constituir una diana terapéutica potencial para este subgrupo de pacientes depresivos (Milaneschi, Y., Lamers, F., Bot, M., Drent, M. L., and Penninx, B. W., 2015).

Recientemente el grupo de trabajo de Lamers (Lamers *et al*, 2016) ha publicado un estudio con el objetivo de evaluar las diferencias en el patrón diferencia de proteínas séricas entre pacientes afectados por depresión atípica y melancólica, comparándolo con controles sanos. Para ello se obtuvieron datos procedentes del *Netherlands Study of Depression and Anxiety* con 414 controles, 231 personas con depresión melancólica y 128 con depresión atípica. Los subtipos depresivos fueron establecidos previamente utilizando análisis de datos y los análisis de proteoma se llevaron a cabo mediante plataformas de estudio multianalítico con 171 proteínas. Los modelos de regresión lineal se ajustaron para diversas covariables y para análisis múltiples (valores q). se observaron diferencias en los análisis entre subtipos melancólico y atípico (9 analisis, q<0.05) y entre depresión atípica y controles sanos (23 análisis, q<0.05). 8 de los 9 marcadores que diferían entre depresión melancólica y atípica se superpusieron con marcadores de la comparación entre atípica y controles sanos (**mesotelina, leptina, IGFBP1, IGFBP2, FABPa, insulina, C3 y B2M**), y eran proteínas implicadas principalmente en comunicación celular y transducción de señal, así como en respuesta inmune. No se hallaron diferencias significativas entre controles sanos y depresión melancólica para las proteínas examinadas. Aunque probablemente los hallazgos de este estudio deberán ser examinados con mayor detenimiento, la mayoría de los marcadores que resultaron significativos participan en inflamación, lo que refuerza la idea de que la depresión atípica constituye un síndrome caracterizado por anomalías en los procesos inflamatorios y metabólicos. Esto será importante a la hora de diseñar nuevos estudios que traten de aclarar los determinantes genéticos y biológicos de las diferentes formas de depresión, y el posible efecto diferencial de los tratamientos farmacológicos (Lamers, F., Bot, M., Jansen, R., Chan, M. K., Cooper, J. D., Bahn, S., and Penninx, B. W., 2016).

Los distintos polimorfismos genéticos de los **receptores hormonales concentradores de melanina (MCHR1 y MCHR2)** podría tener un importancia en los fenómenos psiquiátricos asociados a obesidad. MCHR2 es un receptor central implicado en la homeostasis energética. MCHR2 comparte su región promotora con MCHR2-AS1, un largo fragmento de RNA no codificante anti-sense. En 2015 se publicó un trabajo de investigación que tuvo por objeto determinar si los tSNP (*single nucleotide polymorphisms*) de MCHR2 y MCHR2-AS1 se asociaban al IMC en pacientes psiquiátricos y en sujetos de la población general. La influencia de los tSNP de MCHR2 y MCHR2-AS1 en el IMC fue investigada por primera vez en una muestra de 474 pacientes psiquiátricos (n1). Los análisis positivos fueron testados nuevamente con la finalidad de replicar los hallazgos en otras dos muestras psiquiátricas (n2 = 164, n3 = 178) y en dos muestras procedentes de la población general (CoLaus, n4 = 5409; GIANT, n5 = 113809). El la primera muestra, los portadores de TT de rs7754794C>T tuvieron un IMC 1.08 kg/m2 (p = 0.04) más bajo en comparación con los portadores del alelo C. Esta observación fue replicada en una muestra psiquiátrica independiente (-2.18 kg/m2; p = 0.009). La asociación de rs7754794C>T y el IMC resultó ser más intensa en los sujetos menores de 45 años. En la muestra de la población general se observó una asociación moderada entre los individuos menores de 45 años (-0.17 kg/m2; p = 0.02). Curiosamente, esta asociación se intensificó entre los pacientes con diagnóstico de depresión atípica a lo largo de la vida. Así, los pacientes con depresión atípica portadores de rs7754794-TT tuvieron valores de IMC 1.17 kg/m2 (p = 0.04) más bajos que los portadores del alelo C, con mayor efecto en individuos más jóvenes (-2.50 kg/m2; p = 0.03; interacción entre rs7754794 y edad: p-value = 0.08). Este estudio proporcionó nuevas pistas sobre la posible influencia de MCHR2 y/o MCHR2-AS1 en obesidad entre pacientes psiquiátricos y posiblemente en el origen de la depresión atípica (Delacretaz *et al*, 2015).

4.2.5. Asociación entre trastorno bipolar, obesidad y depresión atípica

La depresión con características atípicas supone una proporción no desdeñable de los pacientes con depresión. Diversos estudios han demostrado la asociación entre depresión atípica y bipolaridad, y recientemente con el fenotipo obesidad. Recientemente se publicó un estudio en el que trató de profundizarse en la conexión entre síntomas depresivos atípicos y obesidad en pacientes con depresión unipolar, bipolar y distimia (Lojko *et al*, 2015). Se partió de una muestra de 512 pacientes deprimidos, de los cuales fueron reclutados 182, integrados por 91 pares, apareados por edad, sexo y diagnóstico, en los que 1 de los miembros de la pareja se encontrara dentro de un peso normal (IMC25) y el otro tuviera sobrepeso u obesidad (IMC5). Hubo 35 pares con depresión unipolar, 27 con depresión bipolar y 29 con diagnóstico de distimia. Los síntomas de depresión atípica, como el incremento del apetito, hipersomnia, parálisis plúmbea, patrón persistente de sensibilidad al rechazo interpersonal, así como incremento significativo de peso en los últimos 3 meses. Como resultados, todos los síntomas de depresión atípica examinados fueron más pronunciados entre los pacientes depresivos con un IMC >25, comparados con los depresivos con peso normal. Excepto para la hipersomnia, estos síntomas puntuaron más alto en las mujeres que en los varones. Entre todas las categorías diagnósticas de depresión atípica fueron significativamente más elevadas entre pacientes con depresión bipolar que en aquellos con con depresión unipolar mayo o con distimia. Probablemente el predominio de mujeres, aplicación de criterios adaptados del DSM para depresión atípica, el uso de población exclusivamente polaca y la especificidad de los criterios de selección podrían suponer limitaciones a la generalización de los resultados del estudio. En resumen, se demostró una mayor intensidad de síntomas depresivos atípicos entre pacientes con obesidad/sobrepeso y se subrayó la conexión entre obesidad y bipolaridad (Lojko, D., Buzuk, G., Owecki, M., Ruchala, M., and Rybakowski, J. K., 2015).

### 4.2.6. Asociación entre subtipos de depresión, gravedad clínica y características de la dieta: estudio BiDirect

Se ha descrito la existencia de una asociación entre la depresión y un estilo de vida poco saludable con dieta pobre.

Recientemente (Rahe *et al*, 2015) se publicaron los resultados de un estudio diseñado con el objetivo de investigar las diferencias en las características de la dieta entre pacientes con depresión y controles sanos. Además, se estableció el objetivo de examinar los efectos de ciertas caracterísiticas y subtipos distintos de depresión en el tipo de dieta, y si la gravedad clínica de la depresión guardaba alguna relación con las características de la dieta ingerida por el sujeto. Se incluyeron a 1660 participantes procedentes del estudio BiDirect (n = 840 pacientes con depresión, n = 820 controles procedentes de la población general). La valoración psiquiátrica se basó en entrevistas clínicas y en una combinación de escalas para la depresión con la finalidad de clasificar a los participantes según subtipos depresivos y según su severidad. Se calcularon índices de calidad de la dieta atendiendo a un cuestionario de 18 ítems que reflejaron la adherencia a un patrón de alimentación saludable. Utilizando análisis de la covarianza, se calcularon índices medios de calidad de la dieta y se hicieron comparaciones entre grupos (ajustados por factores sociodemográficos, estilos de vida y salud).

Los resultados de este estudio no encontraron diferencias significativas entre controles y pacientes con depresión. Sin embargo, sí se hallaron diferencias significativas entre pacientes con distintos tipos de depresión. Los pacientes con depresión melanólica presentaron los niveles más altos del índice de calidad de dieta, mientras que los pacientes con depresión atípica obtuvieron los más bajos. No se halló asociación entre la calidad de la dieta y la gravedad de la depresión. En conclusión, este estudio puso de manifiesto una vez más la presencia de diferencias entre distintos tipos de depresión (atípica y melancólica), en este caso respecto a las características de la dieta de los pacientes (Rahe, C., Baune, B. T., Unrath, M., Arolt, V., Wellmann, J., Wersching, H., and Berger, K., 2015).

## 4.3. Hallazgos de neuroimagen en depresión atípica.

Existen diferencias entre pacientes con depresión atípica y melancólica que se ponen de manifiesto con **neuroimagen funcional**. Por ejemplo, un estudio realizado mediante SPECT (*Single Photon Emisión Computerized Tomography*, tomografía computerizada con fotón simple) evaluó las diferencias en el flujo cerebral regional (rCBF) de 41 pacientes depresivos, que fueron incluidos en 3 categorías diagnósticas: melancólicos, atípicos, e indiferenciados (Fountoulakis *et al*, 2004). Un 82% de los pacientes depresivos presentaban anomalías en el SPECT. El hallazgo más consistente en todos los pacientes fue la existencia de un estado generalizado de hipoperfusión cerebral (que no afectó a los lóbulos frontales y al córtex visual), y de reducción bilateral del flujo parietal. Los pacientes melancólicos e indiferenciados clínicamente no mostraron diferencias significativas entre sí, pero obtuvieron un patrón de perfusión distinto al de los pacientes atípicos.

En el estudio de Fountoulakis (Fountoulakis, K. N., Iacovides, A., Gerasimou, G., Fotiou, F., Ioannidou, C., Bascialla, F., Grammaticos, P., and Kaprinis, G., 2004) los pacientes que cumplían criterios para depresión atípica mostraron un patrón de perfusión cerebral caracterizado por:

(a) una hipoperfusión cerebral generalizada (aunque de menor intensidad que en las demás formas clínicas de depresión),

(b) hipoperfusión occipital izquierda, y

(c) un aumento relativo de la perfusión en el lóbulo frontal derecho ($p<0,006$ frente a melancólicos, $p<0,028$ en depresivos indiferenciados).

Otro estudio (Pagani *et al*, 2007) exploró las diferencias en neuroimagen funcional (mediante SPECT con el marcador 99mTc-HMPAO; análisis por *voxeles*) entre 23 pacientes depresivos crónicos (11 con criterios de atipicidad por DSM-IV) y 23 voluntarios sanos. En el momento del análisis el grupo de pacientes atípicos presentó una prevalencia superior de deficiencia auditiva, mayores tasas de depresión y de molestias somáticas. En dicho estudio, los pacientes con depresión atípica mostraron un aumento bilateral significativo de la captación del trazador en el córtex sensitivo-motor (áreas de Brodmann, BA1-3) y en el córtex premotor en el giro frontal superior (BA6), en el córtex frontal medio (BA8), en la corteza parietal asociativa (BA5, BA7) y en la región parietal inferior (BA40). En comparación con los controles, los pacientes no-atípicos mostraron una reducción significativa de la distribución del trazador en el hemisferio derecho en las áreas BA6, BA8, BA44, BA45 y BA46 en el córtex frontal, en el córtex órbito-frontal (BA11, BA47), en el córtex parietal postcentral (BA2) y en la corteza parietal de asociación multimodal (BA40). Estos datos proporcionan una evidencia clara de la existencia de sustratos neurobiológicos diferenciales en los pacientes con distintas formas de depresión.

### 4.4. Estructura del sueño en pacientes con depresión atípica

Las alteraciones del sueño son un elemento nuclear de la depresión. El estudio de las anomalías en la arquitectura de sueño (especialmente del sueño REM) ha centrado gran parte del interés y esfuerzo invertidos en el estudio de la fisiopatología de la depresión a lo largo de décadas, hasta tal punto que algunos autores han considerado su posible papel como **variable endofenotípica** (Hasler *et al*, 2004).

Los pacientes con depresión melancólica muestran anomalías en los patrones electroencefalográficos (EEG) y anomalías en la estructura del sueño (en particular, acortamiento de la latencia de sueño REM, aumento en la densidad de sueño REM, y descenso en la cantidad de sueño de ondas lentas) (Riaza Bermudo-Soriano, C, 2008).

La depresión mayor recurrente se asocia a un acortamiento de la latencia REM y con un aumento del porcentaje de sueño REM, siendo esta asociación independiente del estado depresivo –asociación rasgo- (Giles *et al*, 1993). En población adolescente, el acortamiento de la latencia REM y el aumento de la densidad de sueño REM predicen de manera significativa la evolución hacia depresión mayor unipolar, asociación no encontrada en aquellos que desarrollan más tarde trastorno bipolar ó en los que permanecerán libres de psicopatología durante la edad adulta (Rao *et al*, 2002).

Familiares de primer grado de depresivos unipolares muestran una mayor densidad de sueño REM que los controles sanos, lo que sugiere un fondo genético en el origen de esta anomalía (Modell *et al*, 2003). Además, el hecho de que la mayoría de moléculas con acción antidepresiva logren reducir el tiempo de sueño REM, ha servido para vincular las anomalías en la estructura del sueño propias de la depresión mayor con alteraciones en la neurotransmisión colinérgica y serotonérgica (Murck *et al*, 2003).

Hay varios **genes candidatos** probablemente vinculadas con las anomalías en el patrón de sueño REM apreciadas en pacientes depresivos. Entre otros el gen del receptor muscarínico 2 (asociado a depresión mayor en mujeres), el gen CREB (implicado también en los fenómenos moleculares relacionados con la consolidación de la memoria y la neuroplasticidad) (Riaza Bermudo-Soriano and Chinchilla Moreno, 2007;Graves *et al*, 2003), y ciertos genes relacionados con la narcolepsia (receptores de hipocretina, polimorfismos en el gen COMT, el gen del TNF, y alelo DQB1*0602 del HLA-II) (Taheri and Mignot, 2002;Hasler *et al*, 2004).

Los pacientes con **depresión atípica** muestran un descenso en la actividad del eje HHA y de las proyecciones noradrenérgicas ascendentes que proceden del *locus coeruleus,* a diferencia de lo que ocurre entre pacientes con depresión melancólica,. Aunque las anomalías en los patrones del sueño han sido estudiadas en menor grado en depresión atípica, los datos disponibles sugieren que no existe una reducción significativa de la cantidad de sueño de ondas lentas, ni claros signos de alteración en el sueño REM (Antonijevic, 2007). No obstante, estos hallazgos no son constantes en la literatura y otros autores han descrito alteraciones en el sueño REM, sin cambios en la continuidad del sueño (Quitkin *et al*, 1985).

La depresión atípica se asocia a una respuesta distinta a la inducción de sueño REM con arecolina (test que permite evaluar la sensibilidad del sistema colinérgico central). En un estudio realizado sobre 10 pacientes con depresión atípica, la arecolina logró inducir la aparición del sueño REM con mayor rapidez que el placebo. Además, el subgrupo de pacientes atípicos con menor nivel de ansiedad y sin ataques de pánico presentó una inducción de sueño REM con arecolina más rápida que el grupo de pacientes atípicos con síntomas de ansiedad profusos. El grado de inducción del sueño REM apreciado en depresivos atípicos con baja ansiedad no mostró diferencias significativas respecto a los pacientes bipolares en eutimia ó a los depresivos endógenos (Wager *et al*, 1990).

En un estudio publicado por Ohayon se investigó la validez de la asociación de la hipersomnia y de la hiperfagia en pacientes con depresión atípica. Se utilizó una definición estricta de la hipersomnia y se evaluó si la asociación entre hipersomnia e hiperfagia se mantenía. Se consideró hipersomnia si el tiempo de sueño total durante el día era de 10 horas o al menos 2 horas más que en periodos de eutimia. Se llevó a cabo un estudio transversal sobre población adulta general de California y Nueva York. La muestra estaba compuesta de 6694 individuos de edades comprendidas entre 18 y 96 años. Los participantes fueron entrevistados por teléfono utilizando el sistema Sleep-EVAL. Las entrevistas incluyeron varios ítems sobre sueño y salud y la valoración de los trastornos del sueño se llevó a cabo utilizando criterios DSM-IV. La prevalencia en el mes previo de trastorno depresivo mayor resultó 6,1%, incluyendo 1,6% de depresión atípica. Los pacientes con depresión atípica tuvieron un número superior de síntomas depresivos y mayor duración del episodio depresivo actual que la que mostraron los individuos afectados por otras formas de depresión. Los sujetos depresivos con hipersomnia durmieron más que otros tipos de depresivos (8h, 29min frente a 6h, 48min). Además la hipersomnia no se asoció a hiperfagia pero el ítem "dormir en exceso" ("getting too much slee`p") sí que mostró una asociación significativa con hiperfagia. En conclusión, la hipersomnia tendría que ser evaluada habitualmente mediante una definición estricta. De otro modo podría ocurrir que se produjera una sobrevaloración de este síntoma en los pacientes con depresión y una falsa asociación con hiperfagia (Ohayon and Roberts, 2015).

En resumen, tanto la depresión melancólica como la atípica podrían constituir subtipos distintos de depresión situados en los extremos del espectro depresivo. Podría resultar útil aprovechar las diferencias clínicas para investigar las bases biológicas diferenciales asociadas a cada subgrupo fenotípico (Riaza Bermudo-Soriano, C, 2008).

## 4.5. Neuropsicología en depresión atípica

Se ha sugerido que las diferentes formas de depresión estarían asociados a perfiles neuropsicológicos diferentes. Un reciente estudio evaluó en qué medida estos subtipos de depresión podrían asociarse a perfiles neuropsicológicos determinados (Lin *et al*, 2014). Se llevó a cabo un estudio, prospectivo longitudinal a 6 semanas de duración, en el que se comparó el rendimiento neuropsicológico entre pacientes con depresión atípica (n=76), depresión melancólica (n=142), depresión mayor no especificada (n=91), y controles sanos (n=200), tanto durante el episodio depresivo como en fase de remisión clínica. Se administraron tests neuropsicológicos dirigidos a evaluar la velocidad de procesamiento de la información, atención, planificación, fluencia verbal, memoria visuo-espacial, y memoria de trabajo verbal.

Los datos proporcionados por este estudio permitieron encontrar que, durante la fase depresiva, los 3 subtipos depresivos mostraron signos inequívocos de disfunción cognitiva (salvo por la atención), en comparación con los controles sanos. Además, los pacientes con depresión melancólica mostraron diferencias significativas en la velocidad de procesamiento y en fluencia verbal. En el estado de remisión clínica, todos los grupos de pacientes depresivos lograron recuperar su nivel de memoria visuo-espacial y de memoria de trabajo verbal, hasta niveles comparables con los controles sanos. Sin embargo, la recuperación en otros dominios neuropsicológicos fue distinta en entre grupos. No se encontró ninguna correlación significativa entre el rendimiento cognitivo y la respuesta al tratamiento. Una de las limitaciones que tuvo este estudio se encuentra en la alta tasa de pérdidas durante el periodo de 6 semanas (Lin, K., Xu, G., Lu, W., Ouyang, H., Dang, Y., Lorenzo-Seva, U., Guo, Y., Bessonov, D., Akiskal, H. S., So, K. F., and Lee, T. M., 2014).

## 4.5. Neurofisiología

### 4.5.1. Evidencia de aumento de facilitación cortical motora y descenso de la inhibición en pacientes con depresión atípica

Se ha implicado a la actividad cortical mediada por receptores de glutamato y GABA cortical en la patofisiología de la depresión mayor, aunque hasta ahora no se había investigado las posibles diferencias entre tipos de pacientes depresivos. En un estudio reciente publicado por Veronezi (Veronezi *et al*, 2016) se evaluaron las diferencias potenciales en la actividad cortical mediada por receptores glutamatérgicos y GABA en distintos tipos depresivos (atípico y melancólico) en un paradigma neurofisiológico de estimulación magnética transcraneal (TMS). Se evaluó a 81 sujetos libres de medicación antidepresiva, que incluyeron 21 controles sanos y 20 pacientes con depresión atípica, 20 pacientes con depresión melancólica y 20 pacientes con depresión no diferenciada. Se aplicaron paradigmas de TMS de pulso único y emparejado para evaluar los procesos de facilitación intracortical (ICF), periodo cortical silente (CSP), inhibición cortical breve (SICI), como índices de actividad mediada por glutamato, GABA-B, y GABA-A, respectivamente.

Los pacientes con depresión mayor mostraron un descenso significativo de la media de CSP respecto a controles (Cohen's $d = 0.22\text{-}0.3$, $P < 0.01$ para todas las comparaciones). La depresión atípica presentó un patrón de excitabilidad cortical consistente en descenso de la inhibición cortical y aumento de la facilitación, es decir, un aumento de los coeficientes ICF y SICI respecto a otros tipos de depresión ($d = 0.22\text{-}0.33$, $P < 0.01$ para todas las comparaciones). En conclusión, los distintos tipos de depresión mayor parecen mostrar una neurofisiología diferencial en relación con los fenómenos mediados por glutamato y GABA. La TMS parece ser un instrumento útil para diferenciar diversos tipos de depresión mayor (Veronezi, B. P., Moffa, A. H., Carvalho, A. F., Galhardoni, R., Simis, M., Bensenor, I. M., Lotufo, P. A., hado-Vieira, R., Daskalakis, Z. J., and Brunoni, A. R., 2016).

### 4.5.2. Implicaciones clínicas del volumen del estímulo auditivo en los potenciales evocados de pacientes con depresión atípica.

La **intensidad del estímulo auditivo** en el paradigma de potenciales evocados auditivos (*loudness dependence of auditory evoked potentials*, LDAEP) se ha propuesto como un biomarcador útil de actividad serotonérgica. Parece que el valor de la LDAEP es bajo en pacientes con depresión melancólica. En un estudio reciente (Lee *et al*, 2014), se evaluó la LDAEP en pacientes con depresión atípica. Se reclutó a un total de 53 pacientes con depresión atípica y a 68 con depresión no atípica. Los sujetos del estudio fueron evaluados mediante la escala ADDS (*Atypical Depression Diagnostic Scale*), la *Hamilton Rating Scale for Depression* (HAMD), *Hamilton Rating Scale for Anxiety* (HAMA), *Beck Scale for Suicidal Ideation* (BSI), las escalas Behavioral Inhibition System and Behavioral Activation System (BIS/BAS), y la escala de Personalidad Hipomaniaca (*Hypomanic Personality Scale*, HPS). Con la finalidad de determinar la LDAEP, se midió el N1/P2 de pico a pico en 5 intensidades estimulares y la LDAEP fue calculada mediante una curva de regresión lineal. Los pacientes con depresión atípica obtuvieron LDAEPs más fuertes y mayores puntuaciones en las escalas BAS y HPS que los pacientes con otros tipos de depresión. La LDAEP mostró un patrón de descenso gradual en concordante con la intensidad de la puntuación en la ADDS. La LDAEP mostró un patrón de descenso gradual en paralelo con la puntuación de la escala ADDS en paciente con depresión mayor. En el grupo de depresión atípica, la LDAEP mostró una correlación negativa con la BSI y positiva con la BAS. En el grupo de pacientes depresivos no atípicos, la LDAEP no mostró ninguna asociación significativa con las escalas psicológicas aplicadas. En conclusión, los hallazgos de este estudio sugieren que hay una deficiencia relativa en la actividad serotonérgica en pacientes con depresión atípica y que la LDAEP refleja reactividad del humor. El descenso transitorio en la actividad serotonérgica vinculado a vulnerabilidad podría contribuir a la aparición de tendencia suicidas en los pacientes con depresión atípica (Lee, S. H., Park, Y. C., Yoon, S., Kim, J. I., and Hahn, S. W., 2014).

Bibliografía


1. **Stewart, J. W., McGrath, P. J., Quitkin, F. M., *et al* (1989)** Relevance of DMS-III depressive subtype and chronicity of antidepressant efficacy in atypical depression. Differential response to phenelzine, imipramine, and placebo. Arch.Gen.Psychiatry, **46**, 1080-1087.

2. **Vallejo, J., Urretavizcaya, M. (2000)** Depresión Atípica. In *Trastornos afectivos: ansiedad y depresión* (eds J. Vallejo Ruiloba & C. Gastó Ferrer), pp. 308-327. Barcelona (España): Masson, S.A.

3. **Lamers, F., Cui, L., Hickie, I. B., *et al* (2016)** Familial aggregation and heritability of the melancholic and atypical subtypes of depression. J.Affect.Disord., **204**, 241-246.

4. **Kendler, K. S., Eaves, L. J., Walters, E. E., *et al* (1996)** The identification and validation of distinct depressive syndromes in a population-based sample of female twins. Arch.Gen.Psychiatry, **53**, 391-399.

5. **Riaza Bermudo-Soriano, C. (2008)** La depresión atípica. In *La depresión y sus máscaras: aspectos terapéuticos* (ed A. Chinchilla Moreno), Editorial Panamericana.

6. **Gold, P. W. and Chrousos, G. P. (2002)** Organization of the stress system and its dysregulation in melancholic and atypical depression: high vs low CRH/NE states. Mol.Psychiatry, **7**, 254-275.

7. **Smith, E. E. and Jonides, J. (1999)** Storage and executive processes in the frontal lobes. Science, **283**, 1657-1661.

8. **Sullivan, R. M. and Gratton, A. (1999)** Lateralized effects of medial prefrontal cortex lesions on neuroendocrine and autonomic stress responses in rats. J.Neurosci., **19**, 2834-2840.

9. **Kalogeras, K. T., Nieman, L. K., Friedman, T. C., *et al* (1996)** Inferior petrosal sinus sampling in healthy subjects reveals a unilateral corticotropin-releasing hormone-induced arginine vasopressin release associated with ipsilateral adrenocorticotropin secretion. J.Clin.Invest, **97**, 2045-2050.

10. **Smith, G. W., Aubry, J. M., Dellu, F., *et al* (1998)** Corticotropin releasing factor receptor 1-deficient mice display decreased anxiety, impaired stress response, and aberrant neuroendocrine development. Neuron, **20**, 1093-1102.

11. **Behan, D. P., Grigoriadis, D. E., Lovenberg, T., *et al* (1996)** Neurobiology of corticotropin releasing factor (CRF) receptors and CRF-binding protein: implications for the treatment of CNS disorders. Mol.Psychiatry, **1**, 265-277.

12. **Kishimoto, T., Radulovic, J., Radulovic, M., *et al* (2000)** Deletion of crhr2 reveals an anxiolytic role for corticotropin-releasing hormone receptor-2. Nat.Genet., **24**, 415-419.

13. **Bale, T. L. and Vale, W. W. (2004)** CRF and CRF receptors: role in stress responsivity and other behaviors. Annu.Rev.Pharmacol.Toxicol., **44**, 525-557.

14. **Gammie, S. C., Hasen, N. S., Stevenson, S. A., *et al* (2005)** Elevated stress sensitivity in corticotropin-releasing factor receptor 2 deficient mice decreases maternal, but not intermale aggression. Behav.Brain Res., **160**, 169-177.

15. **Bale, T. L., Picetti, R., Contarino, A., *et al* (2002)** Mice deficient for both corticotropin-releasing factor receptor 1 (CRFR1) and CRFR2 have an impaired stress response and display sexually dichotomous anxiety-like behavior. J.Neurosci., **22**, 193-199.

16. **Bale, T. L., Contarino, A., Smith, G. W., *et al* (2000)** Mice deficient for corticotropin-releasing hormone receptor-2 display anxiety-like behaviour and are hypersensitive to stress. Nat.Genet., **24**, 410-414.

17. **Bale, T. L. (2005)** Sensitivity to stress: dysregulation of CRF pathways and disease development. Horm.Behav., **48**, 1-10.

18. **Habib, K. E., Weld, K. P., Rice, K. C., *et al* (2000)** Oral administration of a corticotropin-releasing

hormone receptor antagonist significantly attenuates behavioral, neuroendocrine, and autonomic responses to stress in primates. Proc.Natl.Acad.Sci.U.S.A, **97**, 6079-6084.

19. **Bale, T. L. and Vale, W. W. (2003)** Increased depression-like behaviors in corticotropin-releasing factor receptor-2-deficient mice: sexually dichotomous responses. J.Neurosci., **23**, 5295-5301.

20. **Bale, T. L., Picetti, R., Contarino, A., *et al* (2002)** Mice deficient for both corticotropin-releasing factor receptor 1 (CRFR1) and CRFR2 have an impaired stress response and display sexually dichotomous anxiety-like behavior. J.Neurosci., **22**, 193-199.

21. **Burrows, H. L., Nakajima, M., Lesh, J. S., *et al* (1998)** Excess corticotropin releasing hormone-binding protein in the hypothalamic-pituitary-adrenal axis in transgenic mice. J.Clin.Invest, **101**, 1439-1447.

22. **Karolyi, I. J., Burrows, H. L., Ramesh, T. M., *et al* (1999)** Altered anxiety and weight gain in corticotropin-releasing hormone-binding protein-deficient mice. Proc.Natl.Acad.Sci.U.S.A, **96**, 11595-11600.

23. **Claes, S., Villafuerte, S., Forsgren, T., *et al* (2003)** The corticotropin-releasing hormone binding protein is associated with major depression in a population from Northern Sweden. Biol.Psychiatry, **54**, 867-872.

24. **Bale, T. L., Anderson, K. R., Roberts, A. J., *et al* (2003)** Corticotropin-releasing factor receptor-2-deficient mice display abnormal homeostatic responses to challenges of increased dietary fat and cold. Endocrinology, **144**, 2580-2587.

25. **Yehuda, R., Halligan, S. L., and Bierer, L. M. (2001)** Relationship of parental trauma exposure and PTSD to PTSD, depressive and anxiety disorders in offspring. J.Psychiatr.Res., **35**, 261-270.

26. **Yehuda, R., Halligan, S. L., and Grossman, R. (2001)** Childhood trauma and risk for PTSD: relationship to intergenerational effects of trauma, parental PTSD, and cortisol excretion. Dev.Psychopathol., **13**, 733-753.

27. **Spitz, R. A. (1952)** Infantile depression and the general adaptation syndrome; on the relation between physiologic model and psychoanalytic conceptualization. Proc.Annu.Meet.Am.Psychopathol.Assoc., **12**, 93-108.

28. **Emde, R. N., Polak, P. R., and Spitz, R. A. (1965)** Anaclitic depression in an infant raised in an institution. J.Am.Acad.Child Psychiatry, **4**, 545-553.

29. **Nelson, J. C. and Davis, J. M. (1997)** DST studies in

psychotic depression: a meta-analysis. Am.J.Psychiatry, **154**, 1497-1503.

30. **Kunugi, H., Ida, I., Owashi, T., *et al* (2006)** Assessment of the dexamethasone/CRH test as a state-dependent marker for hypothalamic-pituitary-adrenal (HPA) axis abnormalities in major depressive episode: a Multicenter Study. Neuropsychopharmacology, **31**, 212-220.

31. **Brouwer, J. P., Appelhof, B. C., Hoogendijk, W. J., *et al* (2005)** Thyroid and adrenal axis in major depression: a controlled study in outpatients. Eur.J.Endocrinol., **152**, 185-191.

32. **Westrin, A., Ekman, R., and Traskman-Bendz, L. (1999)** Alterations of corticotropin releasing hormone (CRH) and neuropeptide Y (NPY) plasma levels in mood disorder patients with a recent suicide attempt. Eur.Neuropsychopharmacol., **9**, 205-211.

33. **Wasserman, D., Sokolowski, M., Rozanov, V., *et al* (2007)** The CRHR1 gene: a marker for suicidality in depressed males exposed to low stress. Genes Brain Behav..

34. **Licinio, J., O'Kirwan, F., Irizarry, K., *et al* (2004)** Association of a corticotropin-releasing hormone receptor 1 haplotype and antidepressant treatment response in Mexican-Americans. Mol.Psychiatry, **9**, 1075-1082.

35. **Liu, Z., Zhu, F., Wang, G., *et al* (2007)** Association study of corticotropin-releasing hormone receptor1 gene polymorphisms and antidepressant response in major depressive disorders. Neurosci.Lett., **414**, 155-158.

36. **Avgerinos, P. C., Schurmeyer, T. H., Gold, P. W., *et al* (1986)** Pulsatile administration of human corticotropin-releasing hormone in patients with secondary adrenal insufficiency: restoration of the normal cortisol secretory pattern. J.Clin.Endocrinol.Metab, **62**, 816-821.

37. **Andreasson, A., Arborelius, L., Erlanson-Albertsson, C., *et al* (2007)** A putative role for cytokines in the impaired appetite in depression. Brain Behav.Immun., **21**, 147-152.

38. **Gold, P. W., Gabry, K. E., Yasuda, M. R., *et al* (2002)** Divergent endocrine abnormalities in melancholic and atypical depression: clinical and pathophysiologic implications. Endocrinol.Metab Clin.North Am., **31**, 37-62, vi.

39. **Gold, P. W. and Chrousos, G. P. (1999)** The endocrinology of melancholic and atypical depression: relation to neurocircuitry and somatic consequences. Proc.Assoc.Am.Physicians, **111**, 22-34.

40. **Gold, P. W., Wong, M. L., Chrousos, G. P., *et al* (1996)** Stress system abnormalities in melancholic and atypical depression: molecular, pathophysiological, and therapeutic implications. Mol.Psychiatry, **1**, 257-264.

41. **Levitan, R. D., Vaccarino, F. J., Brown, G. M., *et al* (2002)** Low-dose dexamethasone challenge in women with atypical major depression: pilot study. J.Psychiatry Neurosci., **27**, 47-51.

42. **Brouwer, J. P., Appelhof, B. C., Hoogendijk, W. J., *et al* (2005)** Thyroid and adrenal axis in major depression: a controlled study in outpatients. Eur.J.Endocrinol., **152**, 185-191.

43. **Gold, P. W., Gwirtsman, H., Avgerinos, P. C., *et al* (1986)** Abnormal hypothalamic-pituitary-adrenal function in anorexia nervosa. Pathophysiologic mechanisms in underweight and weight-corrected patients. N.Engl.J.Med., **314**, 1335-1342.

44. **Gold, P. W., Licinio, J., Wong, M. L., *et al* (1995)** Corticotropin releasing hormone in the pathophysiology of melancholic and atypical depression and in the mechanism of action of antidepressant drugs. Ann.N.Y Acad.Sci., **771**, 716-729.

45. **Stewart, J. W., Quitkin, F. M., Terman, M., *et al* (1990)** Is seasonal affective disorder a variant of atypical depression? Differential response to light therapy. Psychiatry Res., **33**, 121-128.

46. **Tam, E. M., Lam, R. W., Robertson, H. A., *et al* (1997)** Atypical depressive symptoms in seasonal and non-seasonal mood disorders. J.Affect.Disord., **44**, 39-44.

47. **Yehuda, R. (2001)** Biology of posttraumatic stress disorder. J.Clin.Psychiatry, **62 Suppl 17**, 41-46.

48. **Demitrack, M. A. and Crofford, L. J. (1998)** Evidence for and pathophysiologic implications of hypothalamic-pituitary-adrenal axis dysregulation in fibromyalgia and chronic fatigue syndrome. Ann.N.Y Acad.Sci., **840**, 684-697.

49. **Gold, P. W. (2015)** The organization of the stress system and its dysregulation in depressive illness. Mol.Psychiatry, **20**, 32-47.

50. **Goto, T. and Toyoda, A. (2015)** A Mouse Model of Subchronic and Mild Social Defeat Stress for Understanding Stress-induced Behavioral and Physiological Deficits. J.Vis.Exp..

51. **Surget, A., Van Nieuwenhuijzen, P. S., Heinzmann, J. M., *et al* (2016)** Antidepressant treatment differentially affects the phenotype of high and

low stress reactive mice. Neuropharmacology.

52. **Andreasson, A., Arborelius, L., Erlanson-Albertsson, C., *et al* (2007)** A putative role for cytokines in the impaired appetite in depression. Brain Behav.Immun., **21**, 147-152.

53. **Riaza Bermudo-Soriano, C., Chinchilla Moreno, A. (2007)** Hipótesis inmunológica en esquizofrenia. In *Las esquizofrenias: sus hechos y valores clínicos y terapéuticos.* (ed A. Chinchilla Moreno), pp. 169-192. Barcelona: Masson.

54. **Hinze-Selch, D. and Pollmacher, T. (2001)** In vitro cytokine secretion in individuals with schizophrenia: results, confounding factors, and implications for further research. Brain Behav.Immun., **15**, 282-318.

55. **Dantzer, R. (2001)** Cytokine-induced sickness behavior: mechanisms and implications. Ann.N.Y Acad.Sci., **933**, 222-234.

56. **Raison, C. L., Capuron, L., and Miller, A. H. (2006)** Cytokines sing the blues: inflammation and the pathogenesis of depression. Trends Immunol., **27**, 24-31.

57. **Andreasson, A., Arborelius, L., Erlanson-Albertsson, C., *et al* (2007)** A putative role for cytokines in the impaired appetite in depression. Brain Behav.Immun., **21**, 147-152.

58. **Wong, S. and Pinkney, J. (2004)** Role of cytokines in regulating feeding behaviour. Curr.Drug Targets., **5**, 251-263.

59. **Andreasson, A., Arborelius, L., Erlanson-Albertsson, C., *et al* (2007)** A putative role for cytokines in the impaired appetite in depression. Brain Behav.Immun., **21**, 147-152.

60. **De La, G. R. (2005)** Endotoxin- or pro-inflammatory cytokine-induced sickness behavior as an animal model of depression: focus on anhedonia. Neurosci.Biobehav.Rev., **29**, 761-770.

61. **Merali, Z., Brennan, K., Brau, P., *et al* (2003)** Dissociating anorexia and anhedonia elicited by interleukin-1beta: antidepressant and gender effects on responding for "free chow" and "earned" sucrose intake. Psychopharmacology (Berl), **165**, 413-418.

62. **Gold, P. W., Licinio, J., Wong, M. L., *et al* (1995)** Corticotropin releasing hormone in the pathophysiology of melancholic and atypical depression and in the mechanism of action of antidepressant drugs. Ann.N.Y Acad.Sci., **771**, 716-729.

63. **Wong, S. and Pinkney, J. (2004)** Role of cytokines in regulating feeding behaviour.

Curr.Drug Targets., **5**, 251-263.

64. **Gold, P. W., Wong, M. L., Chrousos, G. P., *et al* (1996)** Stress system abnormalities in melancholic and atypical depression: molecular, pathophysiological, and therapeutic implications. Mol.Psychiatry, **1**, 257-264.

65. **Andreasson, A., Arborelius, L., Erlanson-Albertsson, C., *et al* (2007)** A putative role for cytokines in the impaired appetite in depression. Brain Behav.Immun., **21**, 147-152.

66. **Arborelius, L., Owens, M. J., Plotsky, P. M., *et al* (1999)** The role of corticotropin-releasing factor in depression and anxiety disorders. J.Endocrinol., **160**, 1-12.

67. **Anisman, H., Ravindran, A. V., Griffiths, J., *et al* (1999)** Endocrine and cytokine correlates of major depression and dysthymia with typical or atypical features. Mol.Psychiatry, **4**, 182-188.

68. **----- (1999)** Endocrine and cytokine correlates of major depression and dysthymia with typical or atypical features. Mol.Psychiatry, **4**, 182-188.

69. **Raison, C. L., Capuron, L., and Miller, A. H. (2006)** Cytokines sing the blues: inflammation and the pathogenesis of depression. Trends Immunol., **27**, 24-31.

70. **Andreasson, A., Arborelius, L., Erlanson-Albertsson, C., *et al* (2007)** A putative role for cytokines in the impaired appetite in depression. Brain Behav.Immun., **21**, 147-152.

71. **Dunjic-Kostic, B., Ivkovic, M., Radonjic, N. V., *et al* (2013)** Melancholic and atypical major depression--connection between cytokines, psychopathology and treatment. Prog.Neuropsychopharmacol. Biol Psychiatry, **43**, 1-6.

72. **Hickman, R. J., Khambaty, T., and Stewart, J. C. (2014)** C-reactive protein is elevated in atypical but not nonatypical depression: data from the National Health and Nutrition Examination survey (NHANES) 1999-2004. J.Behav.Med., **37**, 621-629.

73. **Dixon, J. B., Dixon, M. E., and O'Brien, P. E. (2003)** Depression in association with severe obesity: changes with weight loss. Arch.Intern.Med., **163**, 2058-2065.

74. **Thakore, J. H., Richards, P. J., Reznek, R. H., *et al* (1997)** Increased intra-abdominal fat deposition in patients with major depressive illness as measured by computed tomography. Biol.Psychiatry, **41**, 1140-1142.

75. **Leal-Cerro, A., Soto, A., Martinez, M. A., *et al* (2001)** Influence of cortisol status on leptin secretion. Pituitary., **4**, 111-116.

76. **Fantuzzi, G. and Faggioni, R. (2000)** Leptin in the regulation of immunity, inflammation, and hematopoiesis. J.Leukoc.Biol., **68**, 437-446.

77. **Haynes, W. G., Morgan, D. A., Walsh, S. A., *et al* (1997)** Receptor-mediated regional sympathetic nerve activation by leptin. J.Clin.Invest, **100**, 270-278.

78. **Andreasson, A., Arborelius, L., Erlanson-Albertsson, C., *et al* (2007)** A putative role for cytokines in the impaired appetite in depression. Brain Behav.Immun., **21**, 147-152.

79. **Fantuzzi, G. and Faggioni, R. (2000)** Leptin in the regulation of immunity, inflammation, and hematopoiesis. J.Leukoc.Biol., **68**, 437-446.

80. **Gaillard, R. C., Spinedi, E., Chautard, T., *et al* (2000)** Cytokines, leptin, and the hypothalamo-pituitary-adrenal axis. Ann.N.Y Acad.Sci., **917**, 647-657.

81. **Sandoval, D. A. and Davis, S. N. (2003)** Leptin: metabolic control and regulation. J.Diabetes Complications, **17**, 108-113.

82. **Cizza, G., Romagni, P., Lotsikas, A., *et al* (2005)** Plasma leptin in men and women with seasonal affective disorder and in healthy matched controls. Horm.Metab Res., **37**, 45-48.

83. **Andreasson, A., Arborelius, L., Erlanson-Albertsson, C., *et al* (2007)** A putative role for cytokines in the impaired appetite in depression. Brain Behav.Immun., **21**, 147-152.

84. **Milaneschi, Y., Lamers, F., Bot, M., *et al* (2015)** Leptin Dysregulation Is Specifically Associated With Major Depression With Atypical Features: Evidence for a Mechanism Connecting Obesity and Depression. Biol Psychiatry.

85. **Lamers, F., Bot, M., Jansen, R., *et al* (2016)** Serum proteomic profiles of depressive subtypes. Transl.Psychiatry, **6**, e851.

86. **Delacretaz, A., Preisig, M., Vandenberghe, F., *et al* (2015)** Influence of MCHR2 and MCHR2-AS1 Genetic Polymorphisms on Body Mass Index in Psychiatric Patients and In Population-Based Subjects with Present or Past Atypical Depression. PLoS.One., **10**, e0139155.

87. **Lojko, D., Buzuk, G., Owecki, M., *et al* (2015)** Atypical features in depression: Association with obesity and bipolar disorder. J.Affect.Disord., **185**, 76-80.

88. **Rahe, C., Baune, B. T., Unrath, M., *et al* (2015)** Associations between depression subtypes, depression severity and diet quality: cross-sectional findings from the BiDirect Study. BMC.Psychiatry, **15**, 38.

89. **Fountoulakis, K. N., Iacovides, A., Gerasimou,**

**G., *et al* (2004)** The relationship of regional cerebral blood flow with subtypes of major depression. Prog.Neuropsychopharmacol. Biol.Psychiatry, **28**, 537-546.

90. **Pagani, M., Salmaso, D., Nardo, D., *et al* (2007)** Imaging the neurobiological substrate of atypical depression by SPECT. Eur.J.Nucl.Med.Mol.Imaging, **34**, 110-120.

91. **Hasler, G., Drevets, W. C., Manji, H. K., *et al* (2004)** Discovering endophenotypes for major depression. Neuropsychopharmacology, **29**, 1765-1781.

92. **Giles, D. E., Jarrett, R. B., Rush, A. J., *et al* (1993)** Prospective assessment of electroencephalographic sleep in remitted major depression. Psychiatry Res., **46**, 269-284.

93. **Rao, U., Dahl, R. E., Ryan, N. D., *et al* (2002)** Heterogeneity in EEG sleep findings in adolescent depression: unipolar versus bipolar clinical course. J.Affect.Disord., **70**, 273-280.

94. **Modell, S., Huber, J., Holsboer, F., *et al* (2003)** The Munich Vulnerability Study on Affective Disorders: risk factors for unipolarity versus bipolarity. J.Affect.Disord., **74**, 173-184.

95. **Murck, H., Nickel, T., Kunzel, H., *et al* (2003)** State markers of depression in sleep EEG: dependency on drug and gender in patients treated with tianeptine or paroxetine. Neuropsychopharmacology, **28**, 348-358.

96. **Riaza Bermudo-Soriano, C., Chinchilla Moreno, A. (2007)** Fenómenos moleculares relacionados con neurodesarrollo y patología sináptica en esquizofrenia. In *Las esquizofrenias: sus hechos y valores clínicos y terapéuticos* (ed A. Chinchilla Moreno), pp. 49-74. Barcelona: Masson.

97. **Graves, L. A., Hellman, K., Veasey, S., *et al* (2003)** Genetic evidence for a role of CREB in sustained cortical arousal. J.Neurophysiol., **90**, 1152-1159.

98. **Taheri, S. and Mignot, E. (2002)** The genetics of sleep disorders. Lancet Neurol., **1**, 242-250.

99. **Hasler, G., Drevets, W. C., Manji, H. K., *et al* (2004)** Discovering endophenotypes for major depression. Neuropsychopharmacology, **29**, 1765-1781.

100. **Antonijevic, I. (2007)** HPA axis and sleep: Identifying subtypes of major depression. Stress., 1.

101. **Quitkin, F. M., Rabkin, J. G., Stewart, J. W., *et al* (1985)** Sleep of atypical depressives. J.Affect.Disord., **8**, 61-67.

102. **Wager, S., Robinson, D., Goetz, R., *et al* (1990)** Cholinergic REM sleep induction in atypical

depression. Biol.Psychiatry, **27**, 441-446.

103. **Ohayon, M. M. and Roberts, L. W. (2015)** Challenging the validity of the association between oversleeping and overeating in atypical depression. J.Psychosom.Res., **78**, 52-57.

104. **Lin, K., Xu, G., Lu, W., *et al* (2014)** Neuropsychological performance in melancholic, atypical and undifferentiated major depression during depressed and remitted states: a prospective longitudinal study. J.Affect.Disord., **168**, 184-191.

105. **Veronezi, B. P., Moffa, A. H., Carvalho, A. F., *et al* (2016)** Evidence for increased motor cortical facilitation and decreased inhibition in atypical depression. Acta Psychiatr.Scand., **134**, 172-182.

106. **Lee, S. H., Park, Y. C., Yoon, S., *et al* (2014)** Clinical implications of loudness dependence of auditory evoked potentials in patients with atypical depression. Prog.Neuropsychopharmacol. Biol Psychiatry, **54**, 7-12.

# Capítulo 5. Aspectos clínicos de la depresión atípica

Dr. Carlos Riaza Bermudo-Soriano.

## Diagnóstico

Hasta la fecha, al igual que sucede para otros trastornos, el diagnóstico de depresión recae exclusivamente en la clínica, en la realización de una buena historia clínica que detalle cuanto le sucede al paciente, sus antecedentes personales y familiares, así como respuesta previa a fármacos, conducta suicida, y estilo de personalidad. Aunque cada vez conocemos más acerca de los factores biológicos implicados en la depresión estos marcadores no se utilizan todavía en el diagnóstico o clasificación en la clínica.

El manual diagnóstico y estadístico de los trastornos mentales de la *American Psychiatric Association DSM-5* recoge la posibilidad de establecer especificadores de forma para los diversos trastornos del estado de ánimo (American Psychiatric Association, 2014). En particular, el nuevo sistema DSM-5 permite los siguientes especificadores para los trastornos depresivos:

- Con ansiedad
- Con características mixtas
- Con características melancólicas
- Con características atípicas
- Con características psicóticas: congruentes y no congruentes con el estado de ánimo
- Con patrón estacional
- Con catatonía

- Con inicio en el periparto

En el caso del especificador con **"características atípicas"**, el DSM-5 establece que se puede aplicar cuando las siguientes características predominan durante la mayoría de los días del episodio de depresión mayor actual o más reciente o trastorno distímico:

D. Reactividad del estado de ánimo (mejoría del estado de ánimo en respuesta a sucesos positivos potenciales o reales)

E. Dos o más de las características siguientes:

   1) Notable aumento de peso o de apetito
   2) Hipersomnia
   3) Parálisis plúmbea (en brazos y piernas)
   4) Patrón prolongado de sensibilidad al rechazo interpersonal que ocasione deterioro social y laboral importante (que, según esta clasificación, no debe quedar limitado a los episodios de alteración del estado de ánimo).

F. Cuando no se cumplan los criterios establecidos para los especificadores "con características melancólicas" o "con catatonía" en el mismo episodio.

Un estudio reciente (Bech *et al*, 2015) trató de investigar hasta que punto la escala utilizada frecuentemente en la práctica de atención primaria CID (Clinical Interview for Depression) podría cubrir adecuadamente las dimensiones depresión, ansiedad y apatía, así como medir el resultado del tratamiento antidepresivo. Se llevó a cabo una comparación de la CID con la escala Hamilton para depresión (*Hamilton Depression Rating Scale*, HAM-D17). Se tomó una muestra de 146 pacientes procedentes de un estudio previo realizado en el contexto de atención primaria. Se evaluó la adecuación psicométrica de la escala siguiendo un modelo de respuesta a ítems propuesto por Rasch, y se utilizó un análisis de componente principal para identificar subsíndromes dentro de la depresión mayor de acuerdo con criterios DSM-5 y CIE-10. El estudio encontró que mientras la puntuación de la HAM-D17 no mostraba una adecuación psicométrica aceptable, las 3 subescalas de la CID para depresión (6 ítems), apatía (5 ítems) y ansiedad (5 ítems) sí la tuvieron. Dentro de los síntomas de depresión mayor el análisis de componente principal identificó que los ítems de hipersomnia, aumento de apetito o ganancia de peso definían el subtipo atípico. En total, 29 pacientes (cerca del 20%) tuvieron depresión atípica. En resumen, la escala CID está integrada por las subescalas de depresión, ansiedad y apatíca, las cuales poseen una adecuación psicométrica óptima que permite su aplicación en el contexto de la consulta de atención primaria (Bech, P., Paykel, E., Sireling, L., and Yiend, J., 2015).

Diagnóstico diferencial

En la actualidad, el diagnóstico de depresión atípica se aplica como especificador para cualquiera de los trastornos del estado de ánimo.

Depresión atípica vs melancolía

Existen diferencias notables entre depresión atípica y melancolía. Desde una perspectiva clínica, la presencia de reactividad del humor y de síntomas vegetativos inversos (hiperfagia, hipersomnia) definen el carácter atípico del episodio depresivo en estudio. Por el contrario, en las depresiones melancólicas suele apreciarse una significativa arreactividad del humor, hiporexia, empeoramiento matutino de la clínica depresiva e insomnio por despertares precoces.

Otra de las características clínicas definitorias de la depresión atípica tiene que ver con las peculiaridades de los estilos de personalidad que presentan estos pacientes (y que generalmente les distinguen de lo observado en melancolía). Es frecuente la presencia de dificultades relacionales que afectan al funcionamiento sociofamiliar y laboral de los pacientes con depresión atípica (y sensibilidad al rechazo).

En la *Tabla 3* quedan señaladas las principales diferencias entre depresión atípica y melancólica.

Son muchos los estudios que han examinado los factores determinantes que conducen a una mayor prevalencia de trastorno depresivo mayor entre las mujeres, asociación que se intensifica notablemente en el caso de la depresión con características atípicas. Por ello resulta particularmente interesante explorar los effectos indirectos específicos que podrían influir en la asociación existente entre el sexo y los distintos tipos de depresión. Un estudio publicado en 2016 por el grupo de trabajo de Roders (Rodgers *et al*, 2016) tomó los datos de 1624 sujetos procedentes de la población general con diagnóstico de depresión mayor a lo largo de la vida (estudio *PsyCoLaus*). Se establecieron los diagnósticos de depresión atípica (n=256), melancólica (n=422), subtipo combinado con características atípicas y melancólicas (n=198), y grupo de pacientes con depresión mayor no especificada (n=748), de acuerdo con los especificadores DSM-IV. Se aplicó un modelo estadístico path-model con efectos directos e indirectos. Se encontró una mediación parcial del sexo femenino con los subtipos atípico y combinado atípico-melancólico. combinado y atípico. La presencia precoz de trastornos de ansiedad y estilos de afrontamiento altamente emotivos actuaron como variables mediadoras entre el sexo y el grupo atípico. Por el contrario, un índice de masa corporal (IMC) elevado sirvió como una variable de supresión, que también se encontraba ligada a la asociación entre el sexo y el grupo combinado atípico-melancólico. Esta última asociación estuvo mediada también por edad precoz al debut de la depresión y la presencia precoz o muy tardía de trastornos de ansiedad (Rodgers, S., Vandeleur, C. L., jdacic-Gross, V., Aleksandrowicz, A. A., Strippoli, M. P., Castelao, E., Glaus, J., Lasserre, A. M., Muller, M., Rossler, W., Angst, J., and Preisig, M., 2016).

Según Gold (Gold, 2015), la depresión melancólica corresponde con la imagen típica de la depresión, como un estado patológico de hiperarousal y ansiedad, especialmente hacia el self. Esta ansiedad, en parte, toma la forma de sentimientos de inutilidad que constituyen frecuentemente la angustia asociada a la melancolía. La anhedonia es un factor nuclear de la melancolía; se pierde la capacidad de experimentar placer con actividades que antes resultaban gratas, y se pierde la esperanza en el futuro.

Los cambios cognitivos que tienen lugar durante el estrés son exagerados en la depresión melancólica. La memoria de trabajo queda comprometida y se produce un viraje hacia la recuperación de memorias reflexivas, casi automáticas. Frecuentemente los pacientes con depresión melancólica muestran múltiples anormalidades de tipo neurofisiológico, neuroendocrino y autonómico, que incluyen la hipercortisolemia, la activación del sistema noradrenérgico central y el incremento de la actividad del sistema nervioso simpático. Además, la depresión melancólica se asocia con insomnio (principalmente por despertares precoces en la madrugada), pérdida de apetito y de interés por actividades sexuales. Otra característica prototípica de la depresión melancólica es la variación diurna en la intensidad del ánimo depresivo, que generalmente empeora por las mañanas, para mejorar de modo modesto según progresa el día. La mañana es el momento del día de máxima activación del sistema nervioso simpático, del sistema CRH y del nivel de arousal, cuyas actividades se van atenuando a lo largo del día.

Según Gold, la depresión melancólica y la depresión atípica constituyen la antítesis en lo que respecta a la polaridad del fenómeno depresivo. Los síntomas neurovegetativos de la depresión atípica consisente en letargia, fatiga, exceso de sueño, aumento de la ingesta alimentaria y del peso. Generalmente los síntomas afectivos son más intensos por las mañanas y empeoran a lo largo del día. Según pasa el día, los sistemas CRH y noradrenérgico van disminuyendo en actividad hasta un nadir que tiene lugar en la madrugad. Los pacientes con depresión atípica presentan un descenso en la función CRH en el sistema nervioso central (SNC). La CRH es una neurohormona inductora de aurousal cuya administración central en ratas conduce a la aparición de manifestaciones biológicas y conductuales superponibles a las que suceden en una depresión melancólica. Además del estatus CRH, los pacientes con depresión atípica presentan niveles de cortisol plasmático significativamente menores que los melancólicos, aunque los niveles plasmáticos totales de cortisol se encuentren dentro del rango de la normalidad. Esto resulta importante pouesto que los métodos utilizados habitualmente para medir el nivel de cortisol basal podrían enmascarar la hipercortisolemia. Niveles bajos de cortisol conducen a una desinhibición del sistema inmune que podría contribuir al establecimiento de un estado proinflamatorio sistémico en pacientes con depresión atípica. Los pacientes con depresión atípica frecuentemente presentan una alteración de desconexión y vacío. Por el contrario, los pacientes con depresión melancólica se sienten frecuentemente abrumados con un bombardeo de memorias emocionales cargadas de negatividad. Los pacientes pueden quejarse de fatiga mental y fallos cognitivos, y suelen mostrar un cierto aislamiento social, con sensación de que el contacto social constituye una fuente de sobrecarga. Se ha visto que los pacientes con depresión atípica muestran un comienzo más temprano y curso más crónico de sus síntomas depresivos; con frecuencia muestran historia de trauma durante la infancia o adolescencia (Gold, P. W., 2015).

## Depresión mayor, distimia y depresión atípica

Tal y como se ha indicado anteriormente el DSM-5 permite la utilización del especificador "con síntomas atípicos" para los distintos trastornos del estado de ánimo, lo que incluye el trastorno depresivo persistente (trastorno distímico). El diagnóstico de depresión con características atípicas (DSM-5) debe hacerse ante la presencia de depresión y criterios clínicos suficientes de atipicidad (ver: *Tabla 2*), de manera independiente de que se cumplan criterios para episodio depresivo mayor ó para distimia (American Psychiatric Association, 2014). El término de "atípico" sólo hace referencia a algunos aspectos clínicos y neurovegetativos de un episodio depresivo, no a su origen.

## Depresión atípica y trastornos de ansiedad

No es extraño que los pacientes con depresión atípica muestren signos más o menos intensos de ansiedad (en sus diversas formas de expresión). Se trata de uno de los diagnósticos comórbidos más comunes cuando se hace uso de los criterios diagnósticos propuestos por sistemas de clasificación (como DSM). Como regla, algunos autores (Vallejo and Urretavizcaya, 2000) proponen que, ante la presencia de signos de ansiedad intensos que cumplan criterios para algún trastorno de ansiedad, los pacientes sean diagnosticados y tratados como tales.

En la actualidad, el sistema de clasificación de los trastornos mentales y del comportamiento DSM-5 permite la especificación de "con síntomas de ansiedad" para aquellos pacientes con un trastorno afectivo que muestran síntomas ansiosos prominentes (American Psychiatric Association, 2014). Curiosamente, este esquema no se aplica hoy por hoy a los trastornos de ansiedad.

Depresión atípica vs trastorno afectivo estacional

Nuevamente, el DSM-5 permite añadir el especificador "con patrón estacional" a cualquier trastorno afectivo (American Psychiatric Association, 2014). Probablemente, la depresión con características atípicas y el trastorno afectivo estacional guardan importantes paralelismos. Los pacientes con este último trastorno suelen presentar síntomas depresivos durante los meses de invierno, experimentando recuperación de los mismos en el verano. Frecuentemente la clínica depresiva se acompaña de letargia e hipersomnia, de aumento del apetito y peso (con mayor apetencia por hidratos de carbono). No obstante, la baja tasa de respuestas de los pacientes con depresión atípica a la fototerapia facilita la delimitación diferencial de ambos trastornos (Stewart *et al*, 1990;Rosenthal *et al*, 1984;Vallejo, J and Urretavizcaya, M, 2000;Tam *et al*, 1997).

Depresión atípica vs trastorno bipolar

Existe una intensa asociación entre la clínica depresiva de características atípicas y los trastornos del espectro bipolar. Resulta frecuente que los pacientes con trastorno bipolar experimenten sintomatología de perfil atípico durante algunos de sus episodios depresivos. Además, la presencia de dicha clínica atípica predice una mejor respuesta a IMAO, de manera independiente al curso del trastorno de base (Vallejo, J and Urretavizcaya, M, 2000).

En un estudio del grupo de investigación de Benazzi, se comparó una muestra de pacientes con depresión melancólica con otra muestra de depresión atípica, con la finalidad de determinar si los síntomas psicomotores constituyen una característica nuclear de la melancolía. En dicha muestra de paciente, la prevalencia de depresión melancólica se situó en el 17,7% de los pacientes frente al 35,0% de depresión atípica. Los pacientes con depresión melancólica presentaban: mayor edad, mayor edad al comienzo del cuadro, menor frecuencia de mujeres, mayor frecuencia de unipolaridad frente a trastorno bipolar de tipo II, menor funcionalidad (medida mediante la GAF), más síntomas depresivos y mayor frecuencia de síntomas psicóticos. Los pacientes con melancolía tuvieron más síntomas y retardo psicomotor (Benazzi, 2002).

Otro estudio del mismo grupo, investigó la prevalencia de depresión atípica (según criterios DSM-IV) en una muestra de 203 pacientes ambulatorios con depresión, tanto unipolares como pacientes bipolares con depresión. En la muestra analizada, la prevalencia de depresión atípica fue del 31%. De las distintas variables investigadas, en comparación con depresivos con rasgos no-atípicos, los pacientes con depresión atípica presentaron:

- Mayor frecuencia de diagnóstico de trastorno bipolar tipo II
- Mayor proporción de mujeres y de comorbilidad psiquiátrica
- Menor edad de comienzo
- Menor duración de la enfermedad y gravedad de síntomas al inicio

Asímismo, el análisis posterior de los datos procedentes de este estudio mostraron que los pacientes con depresión atípica en pacientes bipolares tipo II tenían una edad de comienzo menor y que afectaba más a mujeres.

El grupo de Akiskal, ha estudiado profundamente el tema de los trastornos del espectro bipolar. En uno de sus trabajos se examinó la relación entre depresión atípica y el trastorno bipolar tipo II. El estudio tomó un grupo de 348 pacientes con trastorno bipolar tipo II en fase depresiva y 254 pacientes con depresión unipolar tratados ambulatoriamente. La frecuencia de depresión atípica fue del 43,0% en la muestra combinada de depresivos uni y bipolares. En comparación con los depresivos no-atípicos, los pacientes con depresión atípica presentaron mayores tasas de trastorno bipolar tipo II. Además, se encontró una relación dosis-respuesta entre el número de síntomas atípicos durante un episodio depresivo y la historia familiar de trastorno bipolar, siendo los síntomas atípicos más intensamente asociados con la historia familiar de trastorno bipolar la hipersomnia y la letargia patológica (Akiskal and Benazzi, 2005;Akiskal, 2005)

A pesar del creciente volumen relativo al conocimiento de los trastornos del espectro bipolar, se sabe relativamente poco sobre las características clínicas de de los pacientes bipolares ancianos. En un estudio publicado por Lee (Lee *et al*, 2014) se investigó la prevalencia de trastornos del espectro bipolar (BSD, bipolar spectrum disorders) entre pacientes ancianos con depresión mayor recurrente. Un total de 65 pacientes con más de 60 años de edad cumplieron los criterios DSM-IV para trastorno depresivo mayor recurrente. El diagnóstico de BSD se efectuó con los criterios desarrollados por el equipo de Ghaemi y mediante el cuestionario MDQ (*Mood Disorder Questionnaire*) para evaluar la presencia de síntomas de bipolaridad. El estudio encontró que de los 65 sujetos incluidos, el 16,9% y el 83,1% fueron diagnosticados de BSD y de depresión unipolar, respectivamente. El 32.3% (n=22) tuvieron puntuaciones positivas para el diagnóstico de trastorno bipolar, y se halló una asociación significativa entre los criterios de BSD y los positivos por la MDQ (P<0.001). Los pacientes con BSD tuvieron mayor duración de la enfermedad (P=0.040) y mayor número de episodios depresivos previos (P<0.001) que aquellos con depresión unipolar. Los criterios para BSD de los familiares de primer grado de los pacientes con trastorno bipolar (P=0.030), hipomanía inducida por antidepresivos (P=0.034), personalidad hipertímica (P=0.001), y depresión atípica (P=0.030) se hallaron asociados de modo intenso con los pacientes con MDQ positivo. En conclusión, probablemente muchos de los pacientes ancianos deprimidos deberían ser diagnosticados de trastornos del espectro bipolar (Lee, C. I., Jung, Y. E., Kim, M. D., Hong, S. C., Bahk, W. M., and Yoon, B. H., 2014).

## Depresión atípica y trastornos de la personalidad

Respecto a la personalidad, cabe decir que existe una relación significativa entre depresión atípica y los TP. Muchos autores discuten sobre la ubicación nosológica de los pacientes con sintomatología depresiva atípica en la órbita de los trastornos de la personalidad y del espectro temperamental bipolar. Probablemente, la distinción entre ambos diagnósticos sea más artificial que real, dado que aún desconocemos los mecanismos fisiopatológicos que subyacen en el origen de los fenómenos asociados a estas patologías. Una visión dimensional del problema podría facilitar la interconexión entre ambas entidades.

Desde una perspectiva académica, pueden establecerse algunas pautas para el diagnóstico diferencial. Así, los pacientes con trastornos de la personalidad suelen tener historia de un comienzo precoz en su psicopatología, patrones de socialización inapropiados, con dificultades profesionales, familiares e interpersonales persistentes. Estas manifestaciones suelen mostrar un curso crónico, especialmente reactivo a las situaciones ambientales. Los rasgos de personalidad que definen algunos de los criterios diagnósticos para la depresión atípica (sensibilidad al rechazo y evitación) facilitan la aparición de comorbilidades de este trastorno afectivo con el diagnóstico de **trastornos de la personalidad tipo límite y tipo evitativo**. Debería servir de utilidad considerar hasta qué punto las alteraciones del comportamiento y la relación interpersonal que muestra un paciente con diagnóstico de depresión atípica persisten más allá de los episodios depresivos.

Según los sistemas diagnósticos al uso, los trastornos depresivos se han clasificado tradicionalmente dentro del eje I (DSM). Como se ha explicado con anterioridad, el DSM-IV-TR permite la especificación del subtipo clínico de depresión atípica, en cuyos criterios diagnósticos se ha propuesto la presencia de un patrón prolongado de sensibilidad al rechazo interpersonal (grupo de

Columbia). Esta visión de ciertas formas de depresión enlaza necesariamente con variables relacionadas con el estilo de personalidad del sujeto (Stewart *et al*, 1993). Otros autores han subrayado la importancia de los rasgos de personalidad en depresión atípica (Parker *et al*, 2002;Parker, 2007;Parker and Crawford, 2007), sugiriendo que los síntomas prototípicos de la depresión atípica (hiperfagia e hipersomnia) constituyen mecanismos compensadores homeostáticos que tratan de neutralizar la experiencia subjetiva de disforia que suelen experimentar con facilidad aquellas personas dotadas de especial sensibilidad al rechazo. La naturaleza de estas características de la personalidad permite la construcción de un modelo dimensional (espectro) con implicaciones que alcanzan más allá de lo puramente depresivo.

Los pacientes con **disforia histeroide** muestran una enorme necesidad de estima y consideración externas, que facilita la aparición de reacciones de colorido disfórico-depresivo en respuesta a situaciones en las que no vean satisfechas sus expectativas (el concepto inicial atañe principalmente a situaciones de rechazo en lo sentimental). Estos episodios depresivos vienen caracterizados por su evolución hacia la cronicidad, la presencia de intensos rasgos histriónicos de la personalidad, síntomas atípicos (letargia, falta de dinamismo e impulso, hiperreactividad del humor, hipersomnia, hiperfagia con especial apetencia por alimentos dulces), e hipohedonia anticipatorio (no consumatoria) que remite ante situaciones ambientales favorables. Frecuentemente, las personas con disforia histeroide muestran manifestaciones del signo descrito desde los primeros años de su adolescencia y adultez. En principio, según el concepto desarrollado por Klein (Klein and Liebowitz, 1982), los pacientes todos los pacientes con disforia histeroide cumplen criterios para depresión atípica, pero lo contrario no es del todo cierto (Vallejo, J and Urretavizcaya, M, 2000).

En un estudio de Posternak, observó que de los 10 tipos de trastorno de la personalidad especificados por la clasificación diagnóstica DSM-IV, la depresión atípica se asociaba de modo significativo con el TP por evitación. Probablemente, esto sea debido a la alta prevalencia de sensibilidad al rechazo de estos pacientes (Posternak and Zimmerman, 2002).

En esta misma dirección, un estudio publicado por Chopra en 2005 (Chopra *et al*, 2005), evaluó la relación entre los rasgos de personalidad y la depresión atípica. Para ello los autores utilizaron una aproximación dimensional a la personalidad, mediante el modelo de los 5 factores OCEAN.

Para limitar el posible artefacto del estado de la depresión sobre la medición de la personalidad, ésta fue evaluada tras un mínimo de 14 semanas de tratamiento antidepresivo. El grupo de pacientes con depresión atípica presentó puntuaciones más altas en la dimensión Neuroticismo, especialmente en Impulsividad y Rabia-Hostilidad. Por el contrario, los pacientes con depresión No-atípica, mostraron mayores puntuaciones en Deliberación.

La comorbilidad entre depresión atípica y trastorno límite de la personalidad (TLP) es frecuente y parece venir relacionada con la psicopatología relacionada con la ansiedad. Las características nucleares del TLP son la inestabilidad afectiva, la relaciones interpersonales inestables y las alteraciones en la identidad. Las comorbilidades del TLP con otros trastornos del antiguo eje I son frecuentes, especialmente con los trastornos afectivos. El concepto de depresión atípica es complejo y frecuentemente minusvalorado. En un estudio publicado por Gremaud-Heitz (Gremaud-Heitz *et al*, 2014) se investigó la comorbilidad entre depresión atípica y TLP, en relación con los problemas interpersonales y la ansiedad. Se tomaron a 60 pacientes con TLP que fueron evaluados con la entrevista *Structured Clinical Interviews for DSM-IV Axis I and II Disorders* (SCID I, SCID II) y con la escala ADDS (*Atypical Depression Diagnostic Scale*). Además, los pacientes completaron otros cuestionarios: SCL-90-R, BDI, STAI, STAXI, IIP-C. El 81,8% de los pacientes presentaban un diagnóstico comórbido de trastorno afectivo, de los cuales el 27.3% fue depresión con características atípicas. En comparación con los pacientes afectados con depresión mayor o sin comorbilidad depresiva, los pacientes con depresión atípica mostraban mayores índices de severidad en los síntomas relacionados con ansiedad, con afectación global y con problemas en la esfera interpersonal. Por tanto, la presencia de depresión atípica en pacientes con TLP se correlaciona con algunas variables psicopatológicas, con ansiedad y problemas interpersonales, lo cual debería ser tenido en cuenta a la hora de tomar decisiones adecuadas respecto al enfoque terapéutico (Gremaud-Heitz, D., Riemenschneider, A., Walter, M., Sollberger, D., Kuchenhoff, J., and Dammann, G., 2014).

Depresión atípica y fobia social

Se ha establecido una elevada comorbilidad entre los trastornos afectivos y la fobia social (SAD, *social anxiety disorder*). En un estudio publicado por Koyuncu (Koyuncu *et al*, 2014) se midió la frecuencia de trastornos del eje I comógicods en pacientes con SAD y se investigó el imparco de la comorbilidad psiquiátrica en el SAD. El estudio incluyó a 247 pacientes con SAD. Se comparó a 38 pacientes con depresión bipolar (SAD-BD), a 150 patients with major depressive disorder (SAD-MDD) y a 25 pacientes que no sufrían ninguna comorbilidad afectiva (SAD-NOMD). Cerca del 90% de los pacientes con SAD tuvieron al menos 1 trastorno comórbido. Las frecuencias de comorbilidad para depresión mayor a lo largo de la vida y trastorno bipolar fueron 74.5% y 15.4%, respectivamente. No hubo comorbilidades significativas en el grupo SAD-NOMD group. La presencia de depresión atípica, número total de episodios depresivos y tasa de estrés postraumático fueron superiores en el grupo SAD-BD que en el SAD-MDD. Además, la comorbilidad con trastorno obsesivo-compulsivo resultó más elevada en el grupo SAD-BD que en el SAD-NOMD. El grupo SAD-MDD tuvo mayor severidad de la ansiedad social que el SAD-NOMD. En resumen, la comorbilidad con trastornos del estado de ánimo parece estar incrementada en severidad y en afectación sobre la funcionalidad en pacientes con SAD (Koyuncu, A., Ertekin, E., Binbay, Z., Ozyildirim, I., Yuksel, C., and Tukel, R., 2014).

La presencia de depresión atípica se asocia a síntomas de fobia social más intensos y con mayor disfuncionalidad. En un estudio de Koyuncu (Koyuncu *et al*, 2015) trató de investigarse los efectos de los síntomas depresivos comórbidos (atípicos y no atípicos) en las características clínicas y en el curso de los pacientes con fobia social. Se crecutó a un total de 247 pacientes con fobia social: 145 con un episodio depresivo actual (unipolar o bipolar) con características atípicas, 43 con episodio depresivo actual con características no atípicas y 25 sin historia de episodios depresivos. Se analizaron datos relativos a aspectos sociodemográficos, clínicos, frecuencia de comorbilidad, severidad de los síntomas de fobia social, depresión y funcionamiento global. Los pacientes con historia de episodios depresivos que no presentaban depresión en el momento del análisis (n=34) fueron excluídos de las comparaciones. Un 77,1% de los pacientes con episodio depresivo actual presentaban características atípicas. La edad al comienzo de la fobia social y la edad al comienzo del primer episodio depresivo mayor resultaron inferiores en el grupo de pacientes con depresión atípica que en de depresión no atípica. La historia de tentativas de suicidio y trastorno bipolar fue más común en el grupo de pacientes con depresión atípica. El grupo de pacientes con depresión atípica mostró niveles más intensos de severidad de su fobia social de y la propia clínica depresiva que el grupo de depresivos no atípicos (Koyuncu, A., Ertekin, E., Ertekin, B. A., Binbay, Z., Yuksel, C., Deveci, E., and Tukel, R., 2015).

Los casos de fobia social de comienzo precoz presentan mayor severidad de los síntomas de fobia social y de la clínica depresiva comórbida, así como menor nivel de (Koyuncu *et al*, 2015). Un estudio publicado por el mismo grupo de investigación, evaluó los efectos de la edad de comienzo de los síntomas de fobia social. Se incluyeron un total de 377 pacientes con fobia social, que fueron evaluados en lo que respecta a variables sociodemográficas, a la escala *Liebowitz Social Anxiety Scale* (LSAS), *Beck Depression Inventory* (BDI), and the *Global Assessment of Functioning* (GAF). De ese total, 300 individuos fueron incluidos en el grupo de comienzo precoz (antes de los 18 años de edad), mientras que los 77 pacientes con inicio posterior a los 18 años fueron catalogados como grupo de comienzo tardío. Los dos grupos se compararon respecto a las variables antes descritas. La frecuencia de fobia social de comienzo precoz fue 79.6%. En comparación con el grupo de comienzo tardı́ó, el grupo de comienzo precoz mostraba menor edad al comienzo del primer episodio depresivo, tasas más elevadas de depresión atípica, niveles más altos en las escalas LSAS and BDI, y menores puntuaciones en la escala GAF. Por tanto, en casos de fobia social de comienzo precoz, la gravedad de los síntomas del propio trastorno y de la depresión comórbida resultaron superiores, con menor adaptación funcional. Resulta entonces indispensable evaluar y tratar adecuadamente a los pacientes con fobia social de comienzo precoz, quienes tendrán un curso más negativo en términos de gravedad clínica y de pérdida de (Koyuncu, A., Ertekin, E., Deveci, E., Ertekin, B. A., Yuksel, C., Celebi, F., Binbay, Z., Demir, E. Y., and Tukel, R., 2015).

## Depresión atípica y enfermedades médicas

Son muchas las patologías médicas que pueden cursar con síntomas de colorido depresivo, cuyas manifestaciones remedan las características propias del grupo atípico. Como en cualquier otro acto diagnóstico en Psiquiatría, una correcta anamnesis por aparatos y el uso de exploraciones complementarias puede resultar de utilidad para descartar la presencia de enfermedades médicas: lesiones cerebrales, tumores de localización hipotalámica, granulomatosis, enfermedad y síndrome de Cushing, etc...(Riaza Bermudo-Soriano, 2008).

La presencia de hipersomnia (con accesos más o menos incontrolables y súbitos de sueño, a veces precipitados por emociones intensas o situaciones de estrés), cataplejía (a veces en formas menores o parciales que no implican necesariamente la pérdida total de conocimiento), los episodios de parálisis de sueño, y la presencia de alucinaciones visuales hipnagógicas o hipnopómpicas, deben orientar el diagnóstico hacia **narcolepsia** (Riaza Bermudo-Soriano, C, 2008). El origen hipotalámico del trastorno (déficit de orexina) y la desregulación de ciertas poblaciones de neuronas noradrenérgicas del tronco encefálico posiblemente ocasionen similitudes en la expresión clínica de ambos trastornos.

Depresión postparto

Se ha sugerido que la depresión postparto, tanto uni como bipolar podría tener etiologías muy heterogéneas (Fisher *et al*, 2016). Un estuddio publicado por Fisher examinó los factores de riesgo que distinguen el tiempo de comienzo de la depresión unipolar o bipolar y la asociación entre el inicio de depresión, el diagnóstico y la presencia de depresión atípica. La gravedad de síntomas depresivos fue evaluada a las 4 y 6 semanas del parto Structured *Interview Guide for the Hamilton Depression Rating Scale-Atypical Depression Symptoms* ien una muestra obstétrica de 727 mujeres. Los datos fueron analizados mediante ANOVA, Chi-cuadrado y regresión lineal. Se observó que las madres con depresión postparto tenían más probabilidad de ser mayores en edad, caucásicas, con formación académica, casadas o en convivencia con pareja, con uno o más hijos, y con aseguramiento privado, en contraposición a las madres con depresión de comienzo anterior a la gestación o prenatal. Las madres con depresión bipolar tuvieron mayor probabilidad de desarrollar la depresión antes del embarazo. La presencia de 3 síntomas generales y 2 atípicos distinguió los tipos depresivos de comienzo previo a la gestación, durante la gestación y postparto, y la presencia de agitación distinguió entre depresión uni o bipolar (Fisher, S. D., Wisner, K. L., Clark, C. T., Sit, D. K., Luther, J. F., and Wisniewski, S., 2016).

La evaluación funcional debería añadirse al despistaje de depresión postparto con la finalidad de perfilar de modo más preciso el estado de salud y calidad de vida de las madres. En un estudio del esquipo de Barkin (Barkin *et al*, 2016) se llevó a cabo un análisis multivariante con la finalidad de evaluar los factores asociados a funcionalidad de las parturientas. Este análisis se llevó a cabo sobre 189 mujeres reclutadas en hospitales del noreste de Estados Unidos. El análisis multivariante reveló asociaciones independientes entre bipolaridad, depresión atípica, puntuaciones depresivas (medidas por la HAMD-17) y tipo de aseguramiento, con la funcionalidad materna en el periodo postparto (Barkin, J. L., Wisner, K. L., Bromberger, J. T., Beach, S. R., and Wisniewski, S. R., 2016).

Comorbilidades de la depresión atípica

Los síntomas depresivos se extienden a lo largo de un continuo que abarca desde la normalidad a lo patológico. Una visión categorial de la depresión podría resultar excesivamente simplista. El diagnóstico por los sistemas de consenso al uso (como DSM) de pacientes con trastornos por ansiedad y del estado de ánimo genera gran cantidad de comorbilidades. No es extraño que los pacientes migren a lo largo del tiempo desde un diagnóstico a otro, o que sus manifestaciones psicopatológicas puedan ser adscritas a distintos subtipos diagnósticos con gran fluidez (Angst *et al*, 2002;Merikangas *et al*, 2003;Angst *et al*, 2007). Por el contrario, considerar normales ciertas manifestaciones psicopatológicas (como las que tienen lugar, por ejemplo, en una entidad tan consistente y estable como la melancolía) constituye un error mayúsculo que sólo conducirá al más absoluto nihilismo y a un fracaso seguro en la comprensión de los trastornos afectivos.

| Manifestaciones clínicas | ***Depresión melancólica*** | ***Depresión atípica*** |
|---|---|---|
| *Nivel de ansiedad* | Alto | Variable |
| *Nivel de arousal* | Aumentado | Disminuído, apatía |
| *Reactividad al entorno* | Ausente | Presente |
| *Reactividad afectiva* | Afecto estereotipado | Reactividad intermitente |
| *Aspectos emocionales de la memoria* | Predominio de contenidos emocionales dolorosos | Variable |
| *Capacidad hedónica* | Anhedonia | Anhedonia |
| *Rendimiento cognitivo* | Disminución de concentración, perseveración | Hipoprosexia |
| *Conducta* | Despliegue de conductas repetidas | Inactividad, letargia, falta de motivación |
| *Ritmicidad circadiana* | Empeoramiento matutino | Variable |
| ***Características neurovegetativas*** | | |
| *Nivel de energía* | Variable | Disminuido |
| *Apetito* | Disminución de ingesta alimentaria y del peso | Aumento ingesta alimentaria y del peso |
| *Sueño* | Insomnio, disminución de calidad del sueño | Aumentado, baja calidad del sueño |
| *Libido* | Disminuido | Disminuido |
| ***Sistema nervioso autónomo*** | | |

| | | |
|---|---|---|
| *Actividad simpática* | Aumentada | Disminuida |
| ***Aspectos neuroendocrinos (sistema de respuesta a estrés)*** | | |
| *Eje HHA* | Activación de origen central | Hipoactividad de origen central |
| *Niveles de CRH* | Altos | Bajos |
| *Test de supresión con dexametasona (DST)* | Supresión baja | Supresión intensa |
| *Niveles de cortisol* | Altos | Bajos |
| *Eje de la GH* | Suprimido | Suprimido |
| *Eje reproductivo* | Suprimido | Suprimido |
| ***Composición corporal*** | | |
| *Índice de masa corporal (IMC)* | Normal | Aumentado |
| *Masa magra* | Disminuida (sarcopenia) | Normal |
| *Grasa corporal total* | Normal o aumentada | Aumentada |
| *Grasa visceral* | Aumentada | Aumentada |
| ***Función inmunológica*** | | |
| | Inmunosupresión relativa | Inmunopotenciación relativa |
| ***Comorbilidades*** | | |
| *Asociación con trastorno bipolar II* | No | Significativa |
| *Cardiopatías* | Enfermedad coronaria precoz | Enfermedad coronaria prematura |
| *Osteoporosis* | Prematura | Ausente |
| *Inflamación/infección* | Aumento de susceptibilidad a infecciones | Aumento de susceptibilidad a la inflamación |
| *Neurodegeneración* | Córtex prefrontal medial e hipocampo | Desconocida |

**Tabla 3. Diferencias entre depresión melancólica y atípica.**

Nota: Modificado de Gold y de Kammerer (Gold and Chrousos, 2002;Kammerer *et al*, 2006).

Entre las comorbilidades más estudiadas en depresión atípica se sitúan los trastornos del espectro bipolar (Akiskal, H. S. and Benazzi, F., 2005;Angst, J., Gamma, A., Benazzi, F., Ajdacic, V., and Rossler, W., 2007;Angst *et al*, 2006;Benazzi, 2006;Benazzi and Akiskal, 2005;Benazzi, 2005;Ebert and Barocka, 1991). En un estudio realizado sobre una muestra comunitaria se encontró una asociación significativa entre la presencia de signos neurovegetativos inversos y depresión bipolar (Levitan *et al*, 1997).

Además, los síntomas de depresión atípica que pueden observarse en las formas unipolares y bipolares resultan indistinguibles (Robertson *et al*, 1996). Los pacientes ubicados en las cercanías del **espectro temperamental bipolar** tienden a presentar manifestaciones depresivas de perfil atípico con más frecuencia que endógeno/melancólicas (Perugi *et al*, 2003;Perugi *et al*, 1998;Angst *et al*, 2002). En un interesante estudio del grupo de Akiskal (Akiskal *et al*, 2006), se examinó un total de 107 pacientes que cumplían criterios DSM-IV para episodio depresivo mayor con características atípicas. Se separó dicha muestra de pacientes depresivos atendiendo a la presencia o no de síntomas de pánico y agorafobia. El 46,7% de los pacientes cumplían criterios de pánico con agorafobia, y dicho grupo estuvo integrado de manera significativamente más alta por mujeres, con factores estresantes intercurrentes, con antecedentes personales de episodios hipomaniacos, trastorno bipolar tipo II, ciclotimia y rasgos límites de la personalidad.

En el grupo de pacientes con pánico y agorafobia se apreciaron frecuencias significativamente superiores de reactividad del humor, trastorno obsesivo-compulsivo, somatizaciones y fobia social. La relación entre los síntomas de pánico y la depresión atípica parece estar mediada por el temperamento ciclotímico (definido por criterios del grupo de trabajo de Akiskal) (Benazzi, F. and Akiskal, H., 2005), que subyace en el elevado grado de emocionalidad de estos pacientes, su gran sensibilidad a factores ambientales estresantes, la inestabilidad afectiva (catalogada frecuentemente como "límite") y la significativa asociación con conducta suicida. Por todo ello, parece probada la existencia de una relación estrecha de la depresión atípica y los trastornos del espectro bipolar, especialmente con el trastorno bipolar tipo II y el temperamento ciclotímico (MacKinnon and Pies, 2006). Más allá de un mero solapamiento comórbido entre categorías, los datos presentados afianzan la idea cada vez más extendida, de que las manifestaciones clínicas de algunas formas bipolares constituyen un verdadero espectro a lo largo del cual se sitúan síntomas de ansiedad y sensibilidad al estrés, conductas adictivas, trastornos del comportamiento alimentario del polo atracón/bulimia e impulsividad (Perugi *et al*, 2006;Perugi *et al*, 2003;Perugi *et al*, 1998;Akiskal *et al*, 2006).

Se ha descrito una asociación significativa de la depresión atípica con otro trastornos psiquiátricos de naturaleza no afectiva como la **fobia social** (Perugi *et al*, 1998;Alpert *et al*, 1997;Mannuzza *et al*, 1995;Thase, 2007), trastorno por **somatización** (Horwath *et al*, 1992), **trastorno dismórfico corporal** (Perugi *et al*, 1998), **trastorno obsesivo-compulsivo** (Perugi *et al*, 1998), **abuso y dependencia de sustancias** (Horwath *et al*, 1992), y la **bulimia** (Levitan *et al*, 1994;Levitan *et al*, 1997;Angst *et al*, 2002).

Curso y pronóstico

Cuando se compara con la depresión no-atípica, el curso de los cuadros atípicos viene caracterizado por un comienzo más precoz, mayor duración de los episodios y una mayor inclinación hacia la cronicidad. Mientras los depresivos que presentan síntomas atípicos más estables en el tiempo se asemejan a los típicos en cuanto a discapacidad, a tasas de comorbilidad y a la frecuenciación de dispositivos sanitarios, aquellos pacientes con fluctuaciones entre lo típico y lo atípico entre uno y otro episodio depresivo constituyen un grupo clínico distinto con características peculiares (Angst, J., Gamma, A., Benazzi, F., Ajdacic, V., and Rossler, W., 2007;Angst *et al*, 2006).

Bibliografía


1. **American Psychiatric Association (2014)** *Manual diagnóstico y estadístico de los trastornos mentales.* (5ª edn) Editorial Panamericana.

2. **Bech, P., Paykel, E., Sireling, L., *et al* (2015)** Rating scales in general practice depression: psychometric analyses of the clinical interview for depression and the Hamilton rating scale. J.Affect.Disord., **171**, 68-73.

3. **Rodgers, S., Vandeleur, C. L., jdacic-Gross, V., *et al* (2016)** Tracing the associations between sex, the atypical and the combined atypical-melancholic depression subtypes: A path analysis. J.Affect.Disord., **190**, 807-818.

4. **Gold, P. W. (2015)** The organization of the stress system and its dysregulation in depressive illness. Mol.Psychiatry, **20**, 32-47.

5. **Vallejo, J., Urretavizcaya, M. (2000)** Depresión Atípica. In *Trastornos afectivos: ansiedad y depresión* (eds J. Vallejo Ruiloba & C. Gastó Ferrer), pp. 308-327. Barcelona (España): Masson, S.A.

6. **Stewart, J. W., Quitkin, F. M., Terman, M., *et al* (1990)** Is seasonal affective disorder a variant of atypical depression? Differential response to light therapy. Psychiatry Res., **33**, 121-128.

7. **Rosenthal, N. E., Sack, D. A., Gillin, J. C., *et al* (1984)** Seasonal affective disorder. A description of the syndrome and preliminary findings with light therapy. Arch.Gen.Psychiatry, **41**, 72-80.

8. **Tam, E. M., Lam, R. W., Robertson, H. A., *et al* (1997)** Atypical depressive symptoms in seasonal and non-seasonal mood disorders. J.Affect.Disord., **44**, 39-44.

9. **Benazzi, F. (2002)** Psychomotor changes in melancholic and atypical depression: unipolar and bipolar-II subtypes. Psychiatry Res., **112**, 211-220.

10. **Akiskal, H. S. and Benazzi, F. (2005)** Atypical depression: a variant of bipolar II or a bridge between unipolar and bipolar II? J.Affect.Disord., **84**, 209-217.

11. **Akiskal, H. S. (2005)** The dark side of bipolarity: detecting bipolar depression in its pleomorphic expressions. J.Affect.Disord., **84**, 107-115.

12. **Lee, C. I., Jung, Y. E., Kim, M. D., *et al* (2014)** The prevalence of bipolar spectrum disorder in elderly patients with recurrent depression. Neuropsychiatr.Dis.Treat., **10**, 791-795.

13. **Stewart, J. W., McGrath, P. J., Rabkin, J. G., *et al* (1993)** Atypical depression. A valid clinical entity? Psychiatr.Clin.North Am., **16**, 479-495.

14. **Parker, G., Roy, K., Mitchell, P., *et al* (2002)** Atypical depression: a reappraisal. Am.J.Psychiatry, **159**, 1470-1479.

15. **Parker, G. B. (2007)** Atypical depression: a valid subtype? J.Clin.Psychiatry, **68 Suppl 3**, 18-22.

16. **Parker, G. B. and Crawford, J. (2007)** A spectrum model for depressive conditions: Extrapolation of the atypical depression prototype. J.Affect.Disord..

17. **Klein, D. F. and Liebowitz, M. R. (1982)** Hysteroid dysphoria. Am.J.Psychiatry, **139**, 1520-1521.

18. **Posternak, M. A. and Zimmerman, M. (2002)** Partial validation of the atypical features subtype of major depressive disorder. Arch.Gen.Psychiatry, **59**, 70-76.

19. **Chopra, K. K., Bagby, R. M., Dickens, S., *et al* (2005)** A dimensional approach to personality in atypical depression. Psychiatry Res., **134**, 161-167.

20. **Gremaud-Heitz, D., Riemenschneider, A., Walter, M., *et al* (2014)** Comorbid atypical depression in borderline personality disorder is common and correlated with anxiety-related psychopathology. Compr.Psychiatry, **55**, 650-656.

21. **Koyuncu, A., Ertekin, E., Binbay, Z., *et al* (2014)** The clinical impact of mood disorder comorbidity on social anxiety disorder. Compr.Psychiatry, **55**, 363-369.

22. **Koyuncu, A., Ertekin, E., Ertekin, B. A., *et al* (2015)** Relationship between atypical depression and social anxiety disorder. Psychiatry Res., **225**, 79-84.

23. **Koyuncu, A., Ertekin, E., Deveci, E., *et al* (2015)** Age of onset in social anxiety disorder: Relation to clinical variables and major depression comorbidity. Ann.Clin.Psychiatry, **27**, 84-89.

24. **Riaza Bermudo-Soriano, C. (2008)** La depresión atípica. In *La depresión y sus máscaras: aspectos terapéuticos* (ed A. Chinchilla Moreno), Editorial Panamericana.

25. **Fisher, S. D., Wisner, K. L., Clark, C. T., *et al* (2016)** Factors associated with onset timing, symptoms, and severity of depression identified in the postpartum period. J.Affect.Disord., **203**, 111-120.

26. **Barkin, J. L., Wisner, K. L., Bromberger, J. T., *et al* (2016)** Factors Associated with Postpartum Maternal Functioning in Women with Positive Screens for Depression. J.Womens Health (Larchmt.), **25**, 707-713.

27. **Angst, J., Gamma, A., Sellaro, R., *et al* (2002)** Toward validation of atypical depression in the community:

results of the Zurich cohort study. J.Affect.Disord., **72**, 125-138.

28. **Merikangas, K. R., Zhang, H., Avenevoli, S., *et al* (2003)** Longitudinal trajectories of depression and anxiety in a prospective community study: the Zurich Cohort Study. Arch.Gen.Psychiatry, **60**, 993-1000.

29. **Angst, J., Gamma, A., Benazzi, F., *et al* (2007)** Melancholia and atypical depression in the Zurich study: epidemiology, clinical characteristics, course, comorbidity and personality. Acta Psychiatr.Scand.Suppl, 72-84.

30. **Gold, P. W. and Chrousos, G. P. (2002)** Organization of the stress system and its dysregulation in melancholic and atypical depression: high vs low CRH/NE states. Mol.Psychiatry, **7**, 254-275.

31. **Kammerer, M., Taylor, A., and Glover, V. (2006)** The HPA axis and perinatal depression: a hypothesis. Arch.Womens Ment.Health, **9**, 187-196.

32. **Angst, J., Gamma, A., Benazzi, F., *et al* (2006)** Atypical depressive syndromes in varying definitions. Eur.Arch.Psychiatry Clin.Neurosci., **256**, 44-54.

33. **Benazzi, F. (2006)** Symptoms of depression as possible markers of bipolar II disorder. Prog.Neuropsychopharmacol.Biol.Psychiatry, **30**, 471-477.

34. **Benazzi, F. and Akiskal, H. (2005)** Irritable-hostile depression: further validation as a bipolar depressive mixed state. J.Affect.Disord., **84**, 197-207.

35. **Benazzi, F. (2005)** Mixed depression: a clinical marker of bipolar-II disorder. Prog.Neuropsychopharmacol.Biol.Psychiatry, **29**, 267-274.

36. **Ebert, D. and Barocka, A. (1991)** The early course of atypical depression. Eur.Arch.Psychiatry Clin.Neurosci., **241**, 131-132.

37. **Levitan, R. D., Lesage, A., Parikh, S. V., *et al* (1997)** Reversed neurovegetative symptoms of depression: a community study of Ontario. Am.J.Psychiatry, **154**, 934-940.

38. **Robertson, H. A., Lam, R. W., Stewart, J. N., *et al* (1996)** Atypical depressive symptoms and clusters in unipolar and bipolar depression. Acta Psychiatr.Scand., **94**, 421-427.

39. **Perugi, G., Toni, C., Travierso, M. C., *et al* (2003)** The role of cyclothymia in atypical depression: toward a data-based reconceptualization of the borderline-bipolar II connection. J.Affect.Disord., **73**, 87-98.

40. **Perugi, G., Akiskal, H. S., Lattanzi, L., *et al* (1998)** The high prevalence of "soft" bipolar (II) features in atypical depression. Compr.Psychiatry, **39**, 63-71.

41. **Angst, J., Gamma, A., Sellaro, R., *et al* (2002)** Toward validation of atypical depression in the community: results of the Zurich cohort study. J.Affect.Disord., **72**, 125-138.

42. **Akiskal, H. S., Akiskal, K. K., Perugi, G., *et al* (2006)** Bipolar II and anxious reactive "comorbidity": toward better phenotypic characterization suitable for genotyping. J.Affect.Disord., **96**, 239-247.

43. **MacKinnon, D. F. and Pies, R. (2006)** Affective instability as rapid cycling: theoretical and clinical implications for borderline personality and bipolar spectrum disorders. Bipolar.Disord., **8**, 1-14.

44. **Perugi, G., Toni, C., Passino, M. C., *et al* (2006)** Bulimia nervosa in atypical depression: the mediating role of cyclothymic temperament. J.Affect.Disord., **92**, 91-97.

45. **Perugi, G., Toni, C., Travierso, M. C., *et al* (2003)** The role of cyclothymia in atypical depression: toward a data-based reconceptualization of the borderline-

bipolar II connection. J.Affect.Disord., **73**, 87-98.

46. **Perugi, G., Akiskal, H. S., Lattanzi, L., *et al* (1998)** The high prevalence of "soft" bipolar (II) features in atypical depression. Compr.Psychiatry, **39**, 63-71.

47. **Akiskal, H. S., Akiskal, K. K., Perugi, G., *et al* (2006)** Bipolar II and anxious reactive "comorbidity": toward better phenotypic characterization suitable for genotyping. J.Affect.Disord., **96**, 239-247.

48. **Perugi, G., Akiskal, H. S., Lattanzi, L., *et al* (1998)** The high prevalence of "soft" bipolar (II) features in atypical depression. Compr.Psychiatry, **39**, 63-71.

49. **Alpert, J. E., Uebelacker, L. A., McLean, N. E., *et al* (1997)** Social phobia, avoidant personality disorder and atypical depression: co-occurrence and clinical implications. Psychol.Med., **27**, 627-633.

50. **Mannuzza, S., Schneier, F. R., Chapman, T. F., *et al* (1995)** Generalized social phobia. Reliability and validity. Arch.Gen.Psychiatry, **52**, 230-237.

51. **Thase, M. E. (2007)** Recognition and diagnosis of atypical depression. J.Clin.Psychiatry, **68 Suppl 8**, 11-16.

52. **Horwath, E., Johnson, J., Weissman, M. M., *et al* (1992)** The validity of major depression with atypical features based on a community study. J.Affect.Disord., **26**, 117-125.

53. **Perugi, G., Akiskal, H. S., Lattanzi, L., *et al* (1998)** The high prevalence of "soft" bipolar (II) features in atypical depression. Compr.Psychiatry, **39**, 63-71.

54. **----- (1998)** The high prevalence of "soft" bipolar (II) features in atypical depression. Compr.Psychiatry, **39**, 63-71.

55. **Horwath, E., Johnson, J., Weissman, M. M., *et al* (1992)** The validity of major depression with atypical features based on a community study. J.Affect.Disord., **26**, 117-125.

56. **Levitan, R. D., Kaplan, A. S., Levitt, A. J., *et al* (1994)** Seasonal fluctuations in mood and eating behavior in bulimia nervosa. Int.J.Eat.Disord., **16**, 295-299.

57. **Levitan, R. D., Kaplan, A. S., Joffe, R. T., *et al* (1997)** Hormonal and subjective responses to intravenous meta-chlorophenylpiperazine in bulimia nervosa. Arch.Gen.Psychiatry, **54**, 521-527.

58. **Angst, J., Gamma, A., Sellaro, R., *et al* (2002)** Toward validation of atypical depression in the community: results of the Zurich cohort study. J.Affect.Disord., **72**, 125-138.

59. **Angst, J., Gamma, A., Benazzi, F., *et al* (2006)** Atypical depressive syndromes in varying definitions. Eur.Arch.Psychiatry Clin.Neurosci., **256**, 44-54.

# Capítulo 6. Abordaje terapéutico de la depresión atípica

Dr. Carlos Riaza Bermudo-Soriano.

## 6.1. Introducción

Desde hace décadas la hipótesis neuroquímica imperante en el campo de la depresión es la monoaminérgica. Probablemente, algunas de las dimensiones clínicas de la depresión se correlacionen con anomalías en los sistemas de neurotransmisión noradrenérgica, serotonérgica y dopaminérgica, y ciertas dimensiones sintomáticas (Rapaport and Thase, 2007). Aunque se trata de una visión excesivamente simplista de la cuestión, quizás permita una aproximación a la comprensión etiopatogénica de estos estados, así como a un mejor abordaje de su tratamiento (Riaza Bermudo-Soriano, 2008).

Un tratamiento eficaz para la depresión mayor requiere del desarrollo de opciones terapéuticas alternativas y de la habilidad de los clínicos para acertar a la hora de identificar aquellos tratamientos con mayor capacidad para lograr respuestas en ciertos tipos de pacientes. Un estudio reciente (Rethorst *et al*, 2016) ha evaluado el posible efecto del subtipo atípico de la depresión como predictor de respuesta a tratamiento coadyuvante con ejercicio aeróbico en personas con depresión mayor persistente. Los resultados de este estudio revelan un efecto pequeño a moderado, particularmente en el grupo asignado a ejercicio de alta dosis (eta-cuadrada=0.0335 semi parcial, p=0.0735), lo que indica que aquellos con depresión atípica tendieron a mostrar una respuesta mayor al ejercicio (Rethorst, C. D., Tu, J., Carmody, T. J., Greer, T. L., and Trivedi, M. H., 2016).

Resulta clave en el seguimiento de los pacientes afectados por depresión atípica pasa por la identificación y cuantificación de la frecuencia y severidad y evolución de los síntomas prototípicos de este trastorno. Así, el clínico debería examinar y anotar adecuadamente la presencia de hipersomnia, hiperfagia, anergia, reactividad del humor, síntomas de pánico ó ansiedad, y los patrones conductuales de sensibilidad al rechazo.

Las tasas de remisión para depresión mayor son bajas e impredecibles para cualquiera de los antidepresivos disponibles. No hay ningún marcador biológico que haya demostrado con suficiente solvencia capacidad para predecir qué tratamiento funcionará mejor con este o aquel paciente depresivo. Por tanto, la práctica clínica requeriría de ciertas biofirmas (biosignatures), construidas a partir de múltiples marcadores biológicos, para la predicción de la respuesta terapéutica de nuestros pacientes. En un estudio publicado recientemente (Trivedi *et al*, 2016) se realizó un ensayo clínico multicéntrico, controlado con placebo, en el que se evaluó los posibles moderadores y mediadores de la respuesta a tratamiento con sertralina. Se seleccionó una muestra diana de 300 participantes con depresión mayor recurrente de comienzo precoz (</= 30 años). Los no-respondedores a un ensayo a 8 semanas fueron asignados de modo ciego a tratamiento durante otras 8 semanas con bupropion (para los no respondedores a sertralina) o sertralina (para aquellos no respondedores a placebo). Los moderadores clínicos incluyeron depresión ansiosa, trauma precoz, género, melancolía y depresión atípica, ataques de ira, trastornos del eje II, hipersomnia/fatiga y cronicidad depresiva. Los moderadores y mediadores biológicos incluyeron grosor cerebral cortical, resonancia funcional magnética (fMRI) con paradigma de recompensa y conflicto emocional, conectividad en reposo, tensor de difusión (DTI), etiquetado arterial de spin (*arterial spin labeling,* ASL), electroencefalografía (EEG), potenciales evocados corticales, y tareas cognitivo-conductuales evaluadas en el momento de inicio del estudio y a la semana, excepto para DTI (que fue evaluada exclusivamente en el momento basal). El estudio fue diseñado para estandarizar el uso de biomarcadores en múltiples lugares y para generar métodos de control de calidad en el análisis de estos biomarcadores. Se generó un índice de respuesta terapéutica (*Differential Depression Treatment Response Index*, DTRI). Los datos, incluyendo muestras biológicas (DNA, RNA y plasma recogidos antes y durante el tratamiento) están disponibles al público para futuros estudios (*Establishing Moderators and Biosignatures of Antidepressant Response for Clinical Care for Depression (EMBARC); Identifier: NCT01407094. URL: http://clinicaltrials.gov/show/NCT01407094* ) (Trivedi, M. H., McGrath, P. J., Fava, M., Parsey, R. V., Kurian, B. T., Phillips, M. L., Oquendo, M. A., Bruder, G., Pizzagalli, D., Toups, M., Cooper, C., Adams, P., Weyandt, S., Morris, D. W., Grannemann, B. D., Ogden, R. T., Buckner, R., McInnis, M., Kraemer, H. C., Petkova, E., Carmody, T. J., and Weissman, M. M., 2016).

6.2. ¿Son eficaces los IMAO en depresión atípica?

La historia de la depresión atípica se encuentra ligada de manera indisoluble al tratamiento con IMAO. Algunas definiciones iniciales tuvieron en cuenta diferencias en la tasa de respuesta de los pacientes con depresión “atípica” al tratamiento con antidepresivos tricíclicos (ADT) ó con IMAO. En particular, los trabajos publicados por el equipo del St. Thomas (Sargant, 1961) delimitaron grupos de pacientes depresivos, en función de su respuesta a tratamientos con IMAO (iproniacida).

La MAO (monoamínoxidasa) cataliza la deaminación oxidativa de numerosos metabolitos y neurotransmisores. El efecto farmacodinámico de los IMAO guarda relación con el bloqueo de la degradación natural de serotonina, noradrenalina y dopamina en las sinapsis. El aumento de la disponibilidad de estos neurotransmisores se asocia con modificaciones en los mecanismos de transducción de señal (Rapaport and Thase, 2007). La isoforma $MAO_A$ degrada serotonina, dopamina, noradrenalina y tiramina; la $MAO_B$ posee una mayor especificidad por la feniletilamina, pero también actúa sobre dopamina y tiramina (Billett, 2004).

Los IMAO tradicionales (fenelzina e isocarboxazida) se ligan a la MAO de manera irreversible e inespecífica, por lo que la inhibición que ejercen sobre este enzima se prolonga a lo largo de la vida de la proteína. Para que desaparezca dicho efecto resulta imprescindible la síntesis de nuevas unidades de MAO, algo que tarda cerca de 14 días en producirse.

Por el contrario, los IMAO de segunda generación (clorgilina y selegilina) se ligan de manera irreversible aunque más selectiva a la $MAO_B$. Sin embargo, esta especificidad guarda relación con la concentración, de forma que a altas dosis se pierde la selectividad y tiene lugar un bloqueo generalizado de $MAO_A$ y $MAO_B$.

La tercera generación de IMAO (moclobemida) presenta gran selectividad por $MAO_A$ y se liga a este isoforma de manera irreversible, con lo que podría esperarse una disminución en la probabilidad de interacción con alimentos ricos en tiramina ó con fármacos de naturaleza química similar. No obstante, la eficacia de moclobemida parece inferior a la de IMAO anteriores. La clave del diseño de futuras moléculas con efecto inhibidor sobre MAO reside en mantener la eficacia mientras se reduce el riesgo de interacciones alimentarias o farmacológicas potencialmente letales.

Numerosos estudios han demostrado la eficacia de la monoterapia con IMAO en el tratamiento de las depresiones atípicas. Así, un ensayo clínico aleatorizado doble-ciego a 6 semanas, controlado con placebo, sobre pacientes atendidos en contexto ambulatorio por depresión y ansiedad concluyó que la **fenelzina** es más eficaz que el placebo en el control de síntomas de depresión ($p<0,05$), ansiedad total ($p<0,05$) y somática ($p<0,05$), alteraciones en la psicomotricidad ($p<0,001$) y en síntomas hipocondriacos ($p<0,001$) (Robinson *et al*, 1973). Un estudio de diseño similar al anterior demostró que la administración de 60 mg/día de fenelzina resulta más eficaz que la de 30 mg/día, y que el efecto de esta última dosis no difiere del de placebo (Ravaris *et al*, 1976). La fenelzina resulta eficaz cuando se alcanza un bloqueo de al menos el 80% de la MAO plaquetaria (Robinson *et al*, 1978). Aunque su uso ha sido más restringido, la **isocarboxazida** también muestra mayor eficacia que el placebo en el tratamiento de la depresión atípica. La presencia de rasgos de evitación agorafóbica y de sensibilidad al rechazo interpersonal constituyen factores predictores de respuesta positiva a este IMAO (Davidson *et al*, 1988;Davidson, 2007).

El mayor inconveniente del uso de IMAO es la gran cantidad de interacciones medicamentosas y alimentarias potencialmente letales que presenta. Se considera que la probabilidad de producir una crisis tipo tiramínico se reduce con el uso de los IMAO reversibles (moclobemida y brofaromina), aunque no debe desdeñarse por completo.

A lo largo de los últimos años, se ha desplegado un enorme esfuerzo dirigido a solventar dichos efectos adversos ha conducido a la comercialización de formulaciones galénicas de **selegilina transdérmica (STD)**, cuyo uso ha sido aprobado por la FDA (*Food and Drug Administration*) americana con la indicación de depresión mayor. La STD permite saltar la absorción gastrointestinal y el metabolismo de primer paso. Por ello, la STD logra acceder al torrente circulatorio periférico e inhibir la $MAO_A$ y $MAO_B$ cerebrales, mientras que la práctica ausencia de actividad sobre la MAO-A digestiva permite minimizar el riesgo de interacciones con alimentos ricos en tiramina (Holtzheimer, III and Nemeroff, 2006;Howland, 2006;Hyman, 2007;Morgan, 2007;Patkar *et al*, 2006;Patkar *et al*, 2007;Preskorn, 2006;Rapaport and Thase, 2007). Dicho efecto protector solo se observa a dosis bajas de STD (6mg), mientras que dosis de 9 y 12 mg deben acopañarse de las restricciones dietéticas propias del resto de IMAO. En comparación con la administración oral, la formulación transdérmica facilita logra mantener niveles sostenidos y sin oscilaciones en plasma, incrementando la entrada del principio activo al SNC.

La eficacia y tolerabilidad de la STD ha sido establecida en numerosos ensayos clínicos de corta duración (Amsterdam, 2003;Bodkin and Amsterdam, 2002;Feiger *et al*, 2006) y en uno de larga (Amsterdam and Bodkin, 2006). En dichos estudios, los efectos adversos más frecuentes consistieron en reacciones localizadas en el lugar de administración e insomnio. La frecuencia de aparición de disfunción sexual, de ganancia ponderal, ó de hipotensión ortostática resultaron similares entre los pacientes que recibieron STD y el grupo placebo. Por todo ello, la STD parece una opción terapéutica prometedora en el tratamiento de los trastornos depresivos atípicos y resistentes, al tratarse de un IMAO de nueva generación que mejora el perfil de seguridad de los viejos (Patkar *et al*, 2007).

## 6.3. ¿Realmente son más eficaces los IMAO que los ADT en el tratamiento de la depresión con rasgos atípicos?

Puede considerarse que, en líneas generales, los IMAO presentan ciertas ventajas sobre los ADT en el tratamiento de la depresión atípica. Un ensayo clínico doble ciego sobre una muestra de 169 pacientes atendidos ambulatoriamente por depresión demostró que la fenelzina era más eficaz que amitriptilina en el control de la ansiedad ($p<0,002$), de los síntomas de pánico ($p<0.006$), de las somatizaciones ($p<0,01$) y de la sensibilidad al rechazo ($p<0,02$) (Robinson *et al*, 1985). Sin embargo, un ensayo sobre 131 pacientes con depresión o con síntomas ansioso-depresivos sólo logró detectar una discreta tendencia a la superioridad de fenelzina sobre amitriptilina (Paykel *et al*, 1982).

Otro ensayo clínico doble-ciego a 6 semanas sobre 119 pacientes que cumplían criterios para depresión atípica de la Universidad de Columbia y que fueron randomizados a fenelzina, imipramina o placebo, demostró que la administración de tratamiento era significativamente más eficaz que el placebo ($p<0,05$), aunque no encontró diferencias entre IMAO y ADT (Liebowitz *et al*, 1988). El mismo equipo de investigación llevó a cabo un ensayo con un diseño similar (Quitkin *et al*, 1990) demostrando la superioridad del tratamiento con fenelzina frente a imipramina, y de estos sobre placebo. Otro trabajo (Quitkin *et al*, 1989) evaluó las diferencias de eficacia del tratamiento con fenelzina, imipramina y placebo en un grupo de pacientes con depresión y humor reactivo pero sin otros signos de atipicidad. Tras 6 semanas de seguimiento sendos antidepresivos proporcionaron un beneficio significativo ($p<0,001$) frente a placebo, pero no lograron diferenciarse entre sí.

Algunos ensayos clínicos desarrollados con posterioridad, con un diseño cruzado, tomaron a pacientes depresivos con características atípicas, que no obtuvieron una respuesta favorable tras 7 semanas de seguimiento con placebo. Dichos pacientes fueron asignados de manera aleatoria a tratamiento con fenelzina ó con imipramina (Quitkin *et al*, 1991). Tras 6 semanas de tratamiento aquellos pacientes con evolución favorable mantuvieron tratamiento durante otras 6 semanas. El tratamiento con fenelzina obtuvo mejores tasas de respuesta que el de imipramina (63% y 51%, con fenelzina, a las 6 y 12 semanas, respectivamente; 35% y 24% para imipramina; $p<0,05$).

Un estudio cruzado realizado más tarde exploró el pronóstico de aquellos pacientes incluidos en los ensayos randomizados descritos con anterioridad que no habían respondido a una primera línea de tratamiento (McGrath *et al*, 1993). Los 89 pacientes del estudio fueron aleatorizados de manera ciega a una segunda línea de tratamiento farmacológico. Mientras aquellos no respondedores a imipramina en primera línea obtuvieron unas tasas de respuesta del 67% con fenelzina, los que no mejoraron inicialmente con fenelzina sólo lograron una tasa de respuesta del 41%. Por todo ello, parece probada la eficacia superior de los IMAO frente a ADT en el tratamiento de la depresión atípica (Stewart, 2007;Stewart and Thase, 2007).

Un estudio de investigación básica (Heydendael and Jacobson, 2008) evaluó el efecto diferencial de los IMAO y los antidepresivos tricíclicos sobre el funcionamiento del eje HHA. Aunque la sensibilidad a los glucocorticoides del sistema de retroalimentación negative del eje HHA se encuentra alterado frecuentemente en pacientes con depresión, aquellos con perfil atípico generalmente muestran un aumento de la sensibilidad a glucocorticoides (frente a los pacientes con melancholia, que suelen ser bastante insensibles). Dado que se ha sugerido que los IMAO podrían ofrecer mayor eficacia frente a los antidepresivos tricíclicos en el tratamiento de la depresión atípica, el equipo de Heydendael propuso que tal vez dicho efecto diferencial fuera atribuible la modulación de dichos tratamientos sobre el funcionamiento del eje HHA. Se encontraron efectos contrapuestos de fenelcina frente a imipramina en la expresión neuronal del gen del receptor de corticosteroide en ratones macho adrenalectomizados C57BL/6. Al parecer, los antidepresivos inducen un incremento en la expresión hipocampal de glucocorticoides y mineralocorticoides. Sin embargo, los efectos de antidepresivos sobre el hipocampo no resultaron sostenidos ni fueron representativos de lo sucedido en otras regiones cerebrales. Mientras que la imipramina incrementa la expresión de receptores de glucocorticoides, la fenelzina reduce dicha expresión. El efecto de imipramina se circunscribe a las regiones implicadas en el feedback del eje HHA, mientras que fenelcina parece tener efectos adicionales, logrando reducir la expresión de receptores de glucocorticoides en el núcleo accumbens y de mineralocorticoides en la amígdala central (Heydendael, W. and Jacobson, L., 2008).

### 6.4. ¿Son eficaces los Inhibidores selectivos de recaptación de serotonina (ISRS) en depresión atípica?

Se considera que los ISRS resultan de utilidad en el tratamiento de la depresión atípica, y presentan un excelente perfil de seguridad (Stewart, J. W., 2007). En un ensayo con 40 pacientes, comparando fluoxetina (de 20 a 60 mg/día) y fenelzina (de 15 a 90 mg/día) para el tratamiento de depresión atípica no encontró diferencias significativas en las tasas de respuesta (80% con fluoxetina y 85% con fenelzina, medidas con HAM-D y CGI-I) tras 6 semanas de tratamiento (Pande *et al*, 1996). Sin embargo, la frecuencia de acontecimientos adversos resultó significativamente mayor en el grupo de tratados con fenelzina (en especial mareos, somnolencia, astenia, artralgias, elevación de la tensión arterial y frecuencia cardiaca), salvo para temblor y pérdida de peso (ambas superiores en aquellos tratados con fluoxetina).

Otro ensayo clínico aleatorizado a 6 semanas comparó la eficacia de moclobemida frente a fluoxetina en 156 pacientes con depresión (24 de los cuales cumplían criterios de atipicidad) (Lonnqvist *et al*, 1994). En el grupo de depresivos atípicos, las puntuaciones de la escala MADRS resultaron significativamente mejores al tratar con moclobemida que con fluoxetina ($p<0,05$), pero dicha diferencia entre grupos no fue detectada con la escala HAM-D. La frecuencia de acontecimientos adversos resultó más alta en el grupo de pacientes con depresión atípica que en otros depresivos ($p<0,001$), aunque no se apreciaron diferencias entre aquellos que recibieron fluoxetina y los que tomaron moclobemida.

Un ensayo (Sogaard *et al*, 1999) que comparó la eficacia antidepresiva de moclobemida (N=97, con máxima dosis de 450 mg/día) frente a sertralina (N=100, con máxima dosis de 100 mg/día) no encontró diferencias significativas entre ambos grupos de tratamiento tras 12 semanas (67,5% de respuestas con moclobemida; 77,5% con sertralina; medidas con CGI-I; 62,7% y 65,2% respectivamente, medidas con HAM-D). En este caso, no hubo diferencias significativas en cuanto a la tolerabilidad de ambas líneas de tratamiento. Por tanto, hay datos suficientes para considerar a los ISRS un tratamiento eficaz y bien tolerado en depresión atípica. No obstante, el pequeño tamaño de las muestras utilizadas, y la falta de grupo control puede limitar el poder de algunos estudios para encontrar diferencias (Stewart, J. W., 2007).

6.5. ¿Son eficaces los Inhibidores selectivos de recaptación de noradrenalina (ISRN) en depresión atípica?

**Reboxetina**

Aunque los antidepresivos con actividad noradrenérgica resultan de utilidad para tratar síntomas prototípicos de las depresiones con rasgos atípicos (pérdida de impulso, la anergia y la falta de motivación), cuyo origen ha sido relacionado con alteraciones en la neurotransmisión noradrenérgica, la reboxetina no ha demostrado una eficacia superior a otras moléculas en el tratamiento de la depresión atípica. En un único ensayo clínico simple-ciego, randomizado (n=43, con 8 semanas de seguimiento) que evalúa la eficacia comparada de reboxetina frente a fluoxetina (Taner *et al*, 2006), no se encontraron diferencias significativas en lo que respecta a la mejoría de síntomas depresivos. Sin embargo, la tasa de efectos secundarios resultó significativamente más elevada en el grupo de pacientes tratados con reboxetina. Entre los efectos adversos más frecuentes de dicho grupo se refirió la aparición de cefalea, retención urinaria, sudación y sequedad de boca. Además, el grupo de pacientes que recibió reboxetina presentó una frecuencia de abandonos superior a la de fluoxetina.

## 6.6 ¿Son eficaces los Inhibidores selectivos de recaptación de serotonina y noradrenalina (ISSN) en depresión atípica?

### Venlafaxina

No se han publicado ensayos clínicos aleatorizados doble-ciego que evalúen la eficacia de venlafaxina en depresión atípica. Sin embargo, un estudio abierto de 8 semanas de duración desarrollado sobre un total de 17 pacientes (77% mujeres; edad media 65,6 años) con dosis fijas de venlafaxina de liberación retardada (hasta 300 mg/día) encontró una reducción significativa de la clínica depresiva (medida con HRSD-24 e ICG-I). Se apreció una reducción global de las puntuaciones de síntomas depresivos generales (de 22,2±5,1 a 11,8±8,9; $p<0,001$) así como de los atípicos (desde 6,2±1,6 hasta 2,8±2,0; $p<0,001$). La tasa de remisión en intención de tratar (definidas como ICG de 1 ó 2, valores de HRSD ≤10 al final del estudio y una reducción del 50% del valor de HRSD inicial) alcanzó un 65% (Roose *et al*, 2004).

### Duloxetina

En el ejercicio clínico habitual, el perfil farmacodinámico de duloxetina (actividad dual en noradrenalina y serotonina) resulta de utilidad para el tratamiento de pacientes con depresión atípica. Sin embargo, todavía no se han publicado ensayos con duloxetina en esta indicación concreta.

### Vortioxetina

Hasta la fecha no se han publicado ensayos clínicos que evalúen la eficacia de vortioxetina sobre el trastorno depresivo con características atípicas.

## 6.7. ¿Qué utilidad tienen otros fármacos en el tratamiento de la sintomatología depresiva atípica?

### Bupropion

El bupropion ha demostrado cierta eficacia en el tratamiento del trastorno bipolar y de la depresión atípica. En un ensayo abierto con dosis fijas de bupropion de liberación retardada (n=41, 8 semanas, 300mg/día, SR) se observó una reducción de la sintomatología depresiva (medida con HDSR y BDI) significativamente mayor entre pacientes depresivos con rasgos atípicos y pacientes con trastorno bipolar, que en el grupo de pacientes depresivos con rasgos "típicos" (Goodnick *et al*, 1998).

### Agomelatina

La agomelatina es una molécula con perfil antidepresivo que actúa a través del agonismo sobre los receptores M1 y M2 de melatonina y del bloqueo de los receptores 5HT2C de serotonina. Los receptores 5HT2C no sólo se expresan en el córtex prefrontal y en los núcleos del rafe (donde regulan la liberación de dopamina y noradrenalina), también lo hacen en el núcleo supraquiasmático (donde regulan junto con los receptores de melatonina los ritmos circadianos) (Stahl, 2013). Por ello, el perfil de agomelatina parece interesante en el tratamiento de la depresión con características atípicas.

Sin embargo, hasta la fecha no se han publicado ensayos clínicos que evalúen la eficacia de agomelatina en el tratamiento de la depresión atípica.

### Modafinilo

La evidencia disponible pone de manifiesto que muchos de los pacientes con depresión mayor tratados con ISRSs, a pesar de que globalmente mejoren con el tratamiento, presentan síntomas residuales tales como fatiga persistente y somnolencia excesiva.

El uso de modafinilo como terapia coadyuvante podría facilitar el control de dichos síntomas residuales (Thase *et al*, 2006;Taneja *et al*, 2007;Konuk *et al*, 2006;Randall *et al*, 2005;Rasmussen *et al*, 2005;Fava *et al*, 2005;Schwartz *et al*, 2004;Lundt, 2004;DeBattista *et al*, 2004;Ninan *et al*, 2004;DeBattista *et al*, 2003). En un estudio aletorizado doble-ciego (Vaishnavi *et al*, 2006) en el que se comparó de manera controlada la eficacia de modafinilo (monoterapia vs placebo) para la prevención de recaídas, se demostró que lograba mejorar de manera significativa los síntomas de depresión atípica durante las 12 semanas que duró la fase de tratamiento abierto ($p<0,0001$). Los beneficios de modafinilo se mantuvieron en el tiempo. El fármaco resultó bien tolerado y logró reducir de manera significativa el peso de los pacientes tratados ($p<0,001$).

Picolato de cromo

Varios estudios han revelado el posible efecto beneficioso del cromo para el tratamiento de la depresión. Un ensayo clínico controlado doble-ciego a 8 semanas sobre 15 pacientes con diagnóstico de episodio depresivo mayor subtipo atípico (DSM-IV) demostró la eficacia del picolato de cromo (600 mg/día) en la reducción de la intensidad de síntomas depresivos medidos a través de una versión modificada con 29 ítems de la HAM-D y con la CGI. En dicho estudio el tratamiento fue bien tolerado (Davidson *et al*, 2003). Estos mismos hallazgos han sido replicados en otro trabajo (Docherty *et al*, 2005), en el que la misma dosis de picolato de cromo logró mejorar la hiperfagia, el aumento de apetito, el deseo de consumir alimentos hidrocarbonatos, y la variación diurna de los sentimientos depresivos.

No está claro cómo actúa el picolato de cromo pero probablemente, el efecto farmacodinámico del cromo guarde relación con la modulación de la expresión de receptores de insulina. El cromo incrementa la sensibilidad a insulina e induce un aumento del número de sus receptores. Además, el tratamiento con cromo altera el estado de fosforilación de numerosas proteínas y activa, entre otras, a la tirosín-kinasa de receptores de insulina. Por ello, el cromo podría actuar más allá de las sinapsis, modificando el estado de activación de segundos mensajeros como el fosfatidil-inositol, (sus efectos pueden ser revertidos experimentalmente con la administración de fármacos que inhiban la fosfatidil-inositol-3´-kinasa).

Algunos estados depresivos se asocian a resistencia insulínica, por lo que la activación farmacológica de las rutas de señalización molecular asociadas a insulina puede servir para revertir las anomalías en la neurotransmisión serotonérgica y noradrenérgica propias de dichos trastornos (Timonen *et al*, 2005;Horacek *et al*, 1999;Davidson *et al*, 2003;Attenburrow *et al*, 2002). En humanos, el cromo produce una regulación a la baja de los receptores $5HT_{2A}$, fenómeno vinculado tanto a la resistencia periférica a insulina como a la etiopatogenia de la depresión (Attenburrow *et al*, 2002).

## 6.8. ¿Es eficaz la psicoterapia en el tratamiento de la depresión atípica?

No hay demasiada literatura que avale de modo riguroso el uso de psicoterapia en la depresión con perfil atípico. La psicoterapia cognitivo-conductual (CBT) podría resultar eficaz en el tratamiento de la depresión atípica. En un ensayo clínico doble-ciego controlado, a 10 semanas, se comparó la eficacia de IMAO (fenelzina), CBT y placebo en el tratamiento de pacientes con diagnóstico de depresión atípica (Jarrett *et al*, 2000;Jarrett *et al*, 1999). Los pacientes fueron asignados de manera aleatoria a cualquiera de las 3 líneas (fenelzina N=36; CBT N=36; placebo N=36). La CBT fue desarrollada siguiendo las recomendaciones del grupo de Beck, con 2 sesiones semanales. A la conclusión del periodo de estudio, tanto CBT como fenelzina mostraron una reducción significativa de las puntuaciones de HAM-D en comparación con placebo ($p<0,01$). Asimismo, las tasas de respuesta terapéutica (definidas mediante CGI≤2) y de efectos secundarios resultaron significativamente más altas en los pacientes tratados que en aquellos que recibieron placebo ($p<0,01$).

Bibliografía


1. **Rapaport, M. H. and Thase, M. E. (2007)** Translating the evidence on atypical depression into clinical practice. J.Clin.Psychiatry, **68**, e11.
2. **Riaza Bermudo-Soriano, C. (2008)** La depresión atípica. In *La depresión y sus máscaras: aspectos terapéuticos* (ed A. Chinchilla Moreno), Editorial Panamericana.
3. **Rethorst, C. D., Tu, J., Carmody, T. J., *et al* (2016)** Atypical depressive symptoms as a predictor of treatment response to exercise in Major Depressive Disorder. J.Affect.Disord., **200**, 156-158.
4. **Trivedi, M. H., McGrath, P. J., Fava, M., *et al* (2016)** Establishing moderators and biosignatures of antidepressant response in clinical care (EMBARC): Rationale and design. J.Psychiatr.Res., **78**, 11-23.
5. **Rapaport, M. H. and Thase, M. E. (2007)** Translating the evidence on atypical depression into clinical practice. J.Clin.Psychiatry, **68**, e11.
6. **Billett, E. E. (2004)** Monoamine oxidase (MAO) in human peripheral tissues. Neurotoxicology, **25**, 139-148.
7. **Robinson, D. S., Nies, A., Ravaris, C. L., *et al* (1973)** The monoamine oxidase inhibitor, phenelzine, in the treatment of depressive -anxiety states. A controlled clinical trial. Arch.Gen.Psychiatry, **29**, 407-413.
8. **Ravaris, C. L., Nies, A., Robinson, D. S., *et al* (1976)** A multiple-dose, controlled study of phenelzine in depression-anxiety states. Arch.Gen.Psychiatry, **33**, 347-350.

9. **Robinson, D. S., Nies, A., Ravaris, C. L., *et al* (1978)** Clinical pharmacology of phenelzine. Arch.Gen.Psychiatry, **35**, 629-635.

10. **Davidson, J. R., Giller, E. L., Zisook, S., *et al* (1988)** An efficacy study of isocarboxazid and placebo in depression, and its relationship to depressive nosology. Arch.Gen.Psychiatry, **45**, 120-127.

11. **Davidson, J. R. (2007)** A history of the concept of atypical depression. J.Clin.Psychiatry, **68 Suppl 3**, 10-15.

12. **Holtzheimer, P. E., III and Nemeroff, C. B. (2006)** Advances in the treatment of depression. NeuroRx., **3**, 42-56.

13. **Howland, R. H. (2006)** Transdermal selegiline: a novel MAOI formulation for depression. J.Psychosoc.Nurs.Ment.Health Serv., **44**, 9-12.

14. **Hyman, R. M. (2007)** Translating the evidence on atypical depression into clinical practice. J.Clin.Psychiatry, **68 Suppl 3**, 31-36.

15. **Morgan, P. T. (2007)** Treatment-resistant depression: response to low-dose transdermal but not oral selegiline. J.Clin.Psychopharmacol., **27**, 313-314.

16. **Patkar, A. A., Pae, C. U., and Masand, P. S. (2006)** Transdermal selegiline: the new generation of monoamine oxidase inhibitors. CNS.Spectr., **11**, 363-375.

17. **Patkar, A. A., Pae, C. U., and Zarzar, M. (2007)** Transdermal selegiline. Drugs Today (Barc.), **43**, 361-377.

18. **Preskorn, S. H. (2006)** Why the transdermal delivery of selegiline (6 mg/24 hr) obviates the need for a dietary restriction on tyramine. J.Psychiatr.Pract., **12**, 168-172.

19. **Rapaport, M. H. and Thase, M. E. (2007)** Translating the evidence on atypical depression into clinical practice. J.Clin.Psychiatry, **68**, e11.

20. **Amsterdam, J. D. (2003)** A double-blind, placebo-controlled trial of the safety and efficacy of selegiline transdermal system without dietary restrictions in patients with major depressive disorder. J.Clin.Psychiatry, **64**, 208-214.

21. **Bodkin, J. A. and Amsterdam, J. D. (2002)** Transdermal selegiline in major depression: a double-blind, placebo-controlled, parallel-group study in outpatients. Am.J.Psychiatry, **159**, 1869-1875.

22. **Feiger, A. D., Rickels, K., Rynn, M. A., *et al* (2006)** Selegiline transdermal system for the treatment of major depressive disorder: an 8-week, double-blind, placebo-controlled, flexible-dose titration trial. J.Clin.Psychiatry, **67**, 1354-1361.

23. **Amsterdam, J. D. and Bodkin, J. A. (2006)** Selegiline transdermal system in the prevention of relapse of major depressive disorder: a 52-week, double-blind, placebo-substitution, parallel-group clinical trial. J.Clin.Psychopharmacol., **26**, 579-586.

24. **Patkar, A. A., Pae, C. U., and Zarzar, M. (2007)** Transdermal selegiline. Drugs Today (Barc.), **43**, 361-377.

25. **Robinson, D. S., Kayser, A., Corcella, J., *et al* (1985)** Panic attacks in outpatients with depression: response to antidepressant treatment. Psychopharmacol.Bull., **21**, 562-567.

26. **Paykel, E. S., Rowan, P. R., Parker, R. R., *et al* (1982)** Response to phenelzine and amitriptyline in subtypes of outpatient depression. Arch.Gen.Psychiatry, **39**, 1041-1049.

27. **Liebowitz, M. R., Quitkin, F. M., Stewart, J. W., *et al* (1988)** Antidepressant specificity in atypical depression. Arch.Gen.Psychiatry, **45**, 129-137.

28. **Quitkin, F. M., McGrath, P. J., Stewart, J. W., *et al* (1990)** Atypical depression, panic attacks, and response to imipramine and

phenelzine. A replication. Arch.Gen.Psychiatry, **47**, 935-941.

29. **Quitkin, F. M., McGrath, P. J., Stewart, J. W., *et al* (1989)** Phenelzine and imipramine in mood reactive depressives. Further delineation of the syndrome of atypical depression. Arch.Gen.Psychiatry, **46**, 787-793.

30. **Quitkin, F. M., Harrison, W., Stewart, J. W., *et al* (1991)** Response to phenelzine and imipramine in placebo nonresponders with atypical depression. A new application of the crossover design. Arch.Gen.Psychiatry, **48**, 319-323.

31. **McGrath, P. J., Stewart, J. W., Nunes, E. V., *et al* (1993)** A double-blind crossover trial of imipramine and phenelzine for outpatients with treatment-refractory depression. Am.J.Psychiatry, **150**, 118-123.

32. **Stewart, J. W. (2007)** Treating depression with atypical features. J.Clin.Psychiatry, **68 Suppl 3**, 25-29.

33. **Stewart, J. W. and Thase, M. E. (2007)** Treating DSM-IV depression with atypical features. J.Clin.Psychiatry, **68**, e10.

34. **Heydendael, W. and Jacobson, L. (2008)** Differential effects of imipramine and phenelzine on corticosteroid receptor gene expression in mouse brain: potential relevance to antidepressant response. Brain Res., **1238**, 93-107.

35. **Pande, A. C., Birkett, M., Fechner-Bates, S., *et al* (1996)** Fluoxetine versus phenelzine in atypical depression. Biol.Psychiatry, **40**, 1017-1020.

36. **Lonnqvist, J., Sihvo, S., Syvalahti, E., *et al* (1994)** Moclobemide and fluoxetine in atypical depression: a double-blind trial. J.Affect.Disord., **32**, 169-177.

37. **Sogaard, J., Lane, R., Latimer, P., *et al* (1999)** A 12-week study comparing moclobemide and sertraline in the treatment of outpatients with atypical depression. J.Psychopharmacol., **13**, 406-414.

38. **Taner, E., Demir, E. Y., and Cosar, B. (2006)** Comparison of the effectiveness of reboxetine versus fluoxetine in patients with atypical depression: a single-blind, randomized clinical trial. Adv.Ther., **23**, 974-987.

39. **Roose, S. P., Miyazaki, M., Devanand, D., *et al* (2004)** An open trial of venlafaxine for the treatment of late-life atypical depression. Int.J.Geriatr.Psychiatry, **19**, 989-994.

40. **Goodnick, P. J., Dominguez, R. A., DeVane, C. L., *et al* (1998)** Bupropion slow-release response in depression: diagnosis and biochemistry. Biol.Psychiatry, **44**, 629-632.

41. **Stahl, S. M. (2013)** *Stahl´s essential psychopharmacology: neuroscientific basis and practical aplication.* (4 edn) Cambridge University Press.

42. **Thase, M. E., Fava, M., DeBattista, C., *et al* (2006)** Modafinil augmentation of SSRI therapy in patients with major depressive disorder and excessive sleepiness and fatigue: a 12-week, open-label, extension study. CNS.Spectr., **11**, 93-102.

43. **Taneja, I., Haman, K., Shelton, R. C., *et al* (2007)** A randomized, double-blind, crossover trial of modafinil on mood. J.Clin.Psychopharmacol., **27**, 76-79.

44. **Konuk, N., Atasoy, N., Atik, L., *et al* (2006)** Open-label study of adjunct modafinil for the treatment of patients with fatigue, sleepiness, and major depression treated with selective serotonin reuptake inhibitors. Adv.Ther., **23**, 646-654.

45. **Randall, D. C., Cafferty, F. H., Shneerson, J. M., *et al* (2005)** Chronic treatment with modafinil may not be beneficial in patients with chronic fatigue syndrome. J.Psychopharmacol., **19**, 647-660.

46. **Rasmussen, N. A., Schroder, P., Olsen, L. R., *et al* (2005)** Modafinil augmentation in depressed patients with partial response to antidepressants: a pilot study on self-reported symptoms covered by the Major Depression Inventory (MDI) and the Symptom Checklist (SCL-92). Nord.J.Psychiatry, **59**, 173-178.

47. **Fava, M., Thase, M. E., and DeBattista, C. (2005)** A multicenter, placebo-controlled study of modafinil augmentation in partial responders to selective serotonin reuptake inhibitors with persistent fatigue and sleepiness. J.Clin.Psychiatry, **66**, 85-93.

48. **Schwartz, T. L., Azhar, N., Cole, K., *et al* (2004)** An open-label study of adjunctive modafinil in patients with sedation related to serotonergic antidepressant therapy. J.Clin.Psychiatry, **65**, 1223-1227.

49. **Lundt, L. (2004)** Modafinil treatment in patients with seasonal affective disorder/winter depression: an open-label pilot study. J.Affect.Disord., **81**, 173-178.

50. **DeBattista, C., Lembke, A., Solvason, H. B., *et al* (2004)** A prospective trial of modafinil as an adjunctive treatment of major depression. J.Clin.Psychopharmacol., **24**, 87-90.

51. **Ninan, P. T., Hassman, H. A., Glass, S. J., *et al* (2004)** Adjunctive modafinil at initiation of treatment with a selective serotonin reuptake inhibitor enhances the degree and onset of therapeutic effects in patients with major depressive disorder and fatigue. J.Clin.Psychiatry, **65**, 414-420.

52. **DeBattista, C., Doghramji, K., Menza, M. A., *et al* (2003)** Adjunct modafinil for the short-term treatment of fatigue and sleepiness in patients with major depressive disorder: a preliminary double-blind, placebo-controlled study. J.Clin.Psychiatry, **64**, 1057-1064.

53. **Vaishnavi, S., Gadde, K., Alamy, S., *et al* (2006)** Modafinil for atypical depression: effects of open-label and double-blind discontinuation treatment. J.Clin.Psychopharmacol., **26**, 373-378.

54. **Davidson, J. R., Abraham, K., Connor, K. M., *et al* (2003)** Effectiveness of chromium in atypical depression: a placebo-controlled trial. Biol.Psychiatry, **53**, 261-264.

55. **Docherty, J. P., Sack, D. A., Roffman, M., *et al* (2005)** A double-blind, placebo-controlled, exploratory trial of chromium picolinate in atypical depression: effect on carbohydrate craving. J.Psychiatr.Pract., **11**, 302-314.

56. **Timonen, M., Laakso, M., Jokelainen, J., *et al* (2005)** Insulin resistance and depression: cross sectional study. BMJ, **330**, 17-18.

57. **Horacek, J., Kuzmiakova, M., Hoschl, C., *et al* (1999)** The relationship between central serotonergic activity and insulin sensitivity in healthy volunteers. Psychoneuroendocrinology, **24**, 785-797.

58. **Davidson, J. R., Abraham, K., Connor, K. M., *et al* (2003)** Effectiveness of chromium in atypical depression: a placebo-controlled trial. Biol.Psychiatry, **53**, 261-264.

59. **Attenburrow, M. J., Odontiadis, J., Murray, B. J., *et al* (2002)** Chromium treatment decreases the sensitivity of 5-HT2A receptors. Psychopharmacology (Berl), **159**, 432-436.

60. **----- (2002)** Chromium treatment decreases the sensitivity of 5-HT2A receptors. Psychopharmacology (Berl), **159**, 432-436.

61. **Jarrett, R. B., Schaffer, M., McIntire, D., *et al* (2000)** Treatment of atypical depression with cognitive therapy or phenelzine. Arch.Gen.Psychiatry, **57**, 1084.

62. **----- (1999)** Treatment of atypical depression with cognitive therapy or phenelzine: a double-blind, placebo-

controlled trial. Arch.Gen.Psychiatry, **56**, 431-437.

www.ingramcontent.com/pod-product-compliance
Lightning Source LLC
LaVergne TN
LVHW081131051026
849532LV00009B/3235
* 9 7 8 8 4 6 1 7 4 0 3 4 5 *